山本孝則・嵯峨生馬・貫隆夫 [著]

環境創造通貨

社会形成型地域通貨が開く
《持続的循環》の世界

Environment Creation Currency

Yamamoto Takanori, Saga Ikuma, Nuki Takao

日本経済評論社

目　次

プロローグ——まず隗(かい)より始めよ …… *1*

I　2015年——そのとき日本は　　　　　　　　　　　　　　　*13*

1　21世紀の行く末決めるのは黄昏れ・日本 …… *13*
2　2015年——目を覆う惨状 …… *18*
3　確かなこと(1)——家計貯蓄率の低下 …… *21*
4　確かなこと(2)——戦後ベビーブーマーの引退 …… *23*
5　「食べられますか」が挨拶代わりに …… *26*
6　自治体が破産すると …… *28*
7　工場的農林水産業と「消費工場」都市 …… *29*
8　「消費工場」都市の最後 …… *32*

II　ケイ君、環境創造都市を語る　　　　　　　　　　　　　　*37*

1　仮設工場列島 …… *37*
2　ありがとう猫の文法哲学、日本を斬る …… *38*
3　《ありがとう広場》にて …… *43*
4　「持続可能な循環型社会」とは——言葉を空疎にする「古い日本」…… *47*
5　シェシェが岳の森・展望台から「再生産革命」を望む …… *52*
6　K市に独自なのはECカードだけ …… *59*
7　国民通貨と地域通貨の違いは何か …… *65*
8　ECカード「サンク」の秘密 …… *68*

Ⅲ 「ECカード入門ガイド」(2004／05年) 73

1. 国民通貨の機能転換 …… 73
2. ECカードシステムの目的と特徴 …… 74
3. 持続可能社会の編成原理──「通貨の出発点への還流」…… 81
4. サンクの発行と交付 …… 89
5. ECカードが開く環境創造の世界──先進国型市民社会の最先端 …… 90
6. コミュニティー・ボランティアセクター（CVS）が市場部門を変える …… 92
7. CVSが自治体行政と介護福祉を変える …… 93
8. 環境創造カンパニー（サンク発行会社）…… 94
9. 運営システムの暫定要綱 …… 98

Ⅳ ECカード流通のための製品認証 103

1. ECカード流通のために製品認証はなぜ必要か …… 103
2. 認証の要件──環境性、社会性、地域性 …… 106
3. 環境性 …… 108
4. ゼロエミッションの概念 …… 109
5. サーマル・リサイクルとゼロエミッション …… 111
6. "ゼロエミッション度" …… 113
7. 社会性あるいは"社会的進化度" …… 116
8. 地域性あるいは"地域度" …… 119
9. ECカードと生ごみ堆肥化 …… 121
10. 製品認証の限界 …… 123

V　挑戦する地域・自治体　　127

1　ごみは本当に「ごみ」なのか？…… *127*
2　拡大消費者責任？…… *129*
3　広域ごみ処理に突き付けた明確な「NO」の意思表示 …… *131*
4　「ごみは燃やさない」という合理的選択 …… *132*
5　生ごみを資源にかえて行政コストも削減 …… *134*
6　てんぷら油や新聞紙が地域通貨に変身 …… *135*
7　森からエネルギーをつくる …… *136*
8　価値の源泉は地域の中に …… *137*
9　自分たちの地域は自分たちの手で …… *138*
10　十分の一の予算でさらに高い効果を生む …… *139*
11　ごみ処理会計と地域通貨 …… *142*
12　個人を単位とした投資と参加 …… *143*
13　ゼロエミッションと地域社会 …… *145*

VI　環境創造通貨の「意味」と意義　　149

1　不安の根源(1)：そもそも「環境」って何のこと？…… *150*
2　不安の根源(2)：社会構成・経済構造・政治 …… *156*
3　主戦場は社会的分業としての産業構造 …… *158*
4　社会形成型地域通貨の意義 …… *161*

VII　出発への旅──イエテボリ・イェルボから東京・高島平へ　*167*

1　日本的インテリジェンスを卒業しよう …… *167*
2　現代の経世済民──「イェルボ・ボースターデン」と「イェルボ・フォーラム」…… *172*

3 生活・産業・文化の関係——死んだ世界と活きた世界 …… *176*
4 都内最北の街・都内最北の大学の挑戦 …… *180*

エピローグ——東京・高島平の物語が始まる　　*185*

1 原　点 …… *185*
2 板橋環境創造講座 …… *187*
3 学生達の環境創造活動——プロジェクトD …… *188*
4 大東文化大学エコキャンパス委員会 …… *188*
5 高島平再生プロジェクト——キャンパスからコミュニティーへ
　　…… *189*
6 環境創造カンパニー …… *197*

あとがき …… *199*

prologue
まず隗(かい)より始めよ
Environment Creation Currency

　世界中の人々が希望に胸を膨らませた〈環境の世紀〉は、依然真相の見えない「9.11同時テロ」を合図に、西アジアを舞台とする殺戮戦争で幕を開けた。「成長の世紀」から「環境の世紀」へ、「経済の拡大構造」から「経済構造改革」へ、「官主導の規制社会」から「市民主導の自由社会」へ。世紀の転換に寄せる期待が大きかった分だけ、失望も大きかった。「環境の世紀」ならざる「戦争の世紀」が、「構造改革」ならざる「構造解体」が、「はつらつとした自由社会」ならざる「底なしの不安社会」が頭をもたげてきた。

　日本では、あらゆる予測を越えて進む少子高齢化、2007年の1億2,770万人をピークに急下降する人口など、遠い他国の話であるかのように、「改革」という言葉の絶叫だけが虚しく響き渡った4年間であった。たった20～30年で産業廃棄物化する住宅や建造物、世界一の財政赤字、公共事業で完膚なきまでに痛めつけられた国土。そうした最悪の不良資産に取り囲まれて、茫然と空を見つめるお年寄りの大群。そうした時代がすぐそこまで迫ってきた。日本は、すでに「転換」のラストチャンスを逸したようだ。

　この期に及んで、言論の世界で公共的責任の一端を負う大学人として、一体何ができるのだろうか。否、何をなすべきなのか。そうした問題意識に立って世の中を見回すと、やたら目につくのは、相も変わらぬ「政府」「社会」向けの「提言」の類だ。自分が引き受ける意志

のない意見表明、言いっぱなしの「提言」が、大手を振って闊歩している。言いっぱなしの「提言」はときの移ろいとともに、ファッションのように変わっていく。言っている本人が引き受ける意志のない意見や提言など、誰がまともに相手にするだろうか。

　物質的自然を扱う狭義の自然科学ならばいざ知らず、社会的な人間を対象とする社会科学においては、使い捨てのワンウェイ・ボトルの類の「提言」や自己目的と化した「研究」は、世相を殺伐とさせるだけだ。様々な市民の、様々なレベルでの社会参加・政治参加という「大人社会の成熟」という尺度で見ると、言いっぱなし提言、やりっ放し研究が投げかけている病の重さに、改めて想いを馳せないわけにいかない。

　こうした使い捨て文化に染まった言論に対するささやかな反省から生まれたのが、本書『環境創造通貨——社会形成型地域通貨が開く《持続的循環》の世界』である。本書は、「地域通貨を使う社会実験」の書と言ってよい。「社会実験」は筆者達の手で現在静かに進行中である。

　自然科学分野では「理論」と「実験」（経験）との往復は、あまりにも自明な学の作法と言っていいだろう。だが、社会科学の分野ではいまだ、この自明の理が広く共有されるに至っているとは言えない。経済の世界であれ、教育の世界であれ、町づくりの世界であれ、企業経営の世界であれ、人間社会とは、およそ出来合いの答えのない世界である。出来合いの答えのない世界では、「理論」と「実験」との往復から学び取るしかない。

　国民通貨の不備や国際通貨の暴走に対するアンチテーゼとして生まれたという限りでは、あらゆるタイプの地域通貨運動は「社会実験」だ。まして、人類史的なスケールでの転換点においては、「社会実験」の意義は計り知れないものがある。社会実験である以上、物質的

自然相手の実験とは作法も適用範囲も自ずと違う。

　本書が提唱する地域通貨は、《持続的に循環できる》世界を切り開くための「社会形成ソフト」として設計されている。「社会形成型地域通貨」とは、市場経済、家計、コミュニティー・ボランティア、行政機関、学校などの「個別アプリケーションソフト」を活性化すると同時に、それらをリンクする社会統合ソフトである。たとえて言えば社会OSである。もし、賢明な議会や政府を戴いていれば、国民通貨が社会形成手段の役割を果たしているはずだ。ことさら、社会形成型地域通貨などは必要ない。だが、行政が議会に対して圧倒的に優位で、すべてが縦割り主義の日本の場合、社会形成型地域通貨の必要性は決定的だ。社会とは、人間相互の、人間と「人間が創ったモノ」との、そして「人間が創ったモノ」相互のつながり（クラスタリング）によって成り立っているからだ。

　時代が求めているのは、物質的自然・人間関係の両面で「環境」を創造する通貨、略して「環境創造通貨」だ。通貨単位は「サンク」、「サンク」を動かす仕組みが「ECカードシステム」（Environment Creation Card System：略称ECCS）、「サンク」を発行・管理する主体が「環境創造カンパニー」である。環境創造通貨「サンク」は、ICカードシステムというインフラとともに、カンパニーという運営主体を備えた、日本初の「循環できる地域通貨」として生まれる。

　ECカード上で循環する環境創造通貨「サンク」の役割は、大きく分けて四つある。

　(1) **人を活かす、すなわち〈人間関係としての環境〉の改善に寄与する**——人間の能力の使い方という点で見ると、20世紀社会は、たった一つの職業労働だけがその人の社会的価値を決める、相当いびつな社会だった。その人の持つその他の多様な能力は、ことごとく無視されてきた。職業を介した人間関係のみが重んじられ、地域社会の共

同性を支える様々な人間関係（例えば、児童教育や障害者サポート・ゴミ出し・道路清掃などの活動）はことごとく価値のないものとされた。ここから「職業労働の既得権化」や「コミュニティーへの関心喪失」という様々な社会病理が生まれた。「職業労働の既得権化」とは、社会的には無用になったポストでも、これにしがみつくことで大変な犠牲を社会に強いることである。また、「コミュニティーへの関心喪失」も、治安悪化や街の汚染を通して行政支出を拡大してきた。人間の持つ多様な能力が開発されるとともに、開発された多様な能力をコミュニティー・ボランティアとして「持続可能な」ものにする仕組みが作り出される。これが環境創造通貨の第一の役割である。

注目すべきは、ECカードシステムではコミュニティー・ボランティアが「持続可能な」ものになることだ。ボランティアの必須要件とされる「自発性」「公共性」を「無償」で永続的に引き受けることは、懐の問題は問わないとしても、なかなか出来るものではない。人は皆、自分の活動が「社会的に承認されて」初めて、自分の存在意義を見いだすことができるからだ。この意味で、環境創造通貨は、「社会的に必要性が承認された、安定したボランティア」と市場経済とを融合するシステムである。

(2) **自然を活かす、すなわち〈モノ的な意味での環境〉（物質的自然環境）の改善に寄与する**——高度経済成長を可能にしてきた「使い捨て経済」は、地球資源の枯渇、廃棄物処理場枯渇の両面から完全に行き詰まっている。廃棄物を極大化する資源収奪型の経済から「廃棄物を常温常圧で他の製品の原材料化する」ゼロエミッション経済への移行は、人類にとって避けて通ることのできない最も重要な課題である。しかるに、ゼロエミッションはこれまでのところ、一部メーカーを中心とする産業界内部の努力に限られ、事業系や家庭からの廃棄物にまで浸透していない。そういう偏りが生じる理由は、廃棄物の種別それ自体よりも、その「発生主体の区別」を重視する「廃掃法」（1970

年制定）によるところが大きい。「廃掃法」（廃棄物の処理及び清掃に関する法律）に従った焼却中心の「清掃行政」に、それとは全く異質なリサイクル法の体系を接ぎ木しているのが、日本の「環境行政」である（第V章参照）。こうしたなか、国民が自らできる環境努力は、ゼロエミッションを産業界のみならず市民の消費生活にまで「拡張」することである。「拡張」を支援するシステムが環境創造通貨（ECカード）である。

(3) 自治体を活かす、すなわち市町村自治体の財政再建に貢献する——従来、各自治体が財政負担を要した様々な予算費目が、ECカードシステム上のコミュニティー・ボランティアセクター（CVS）によって大幅に削減できる。代表的なものを挙げれば、飲料容器リサイクル、リユース活動、福祉施設の役務、公園・道路清掃などのコストである。また、生ゴミ処理がECカード上のCVSによって有機肥料化できれば、焼却炉のエネルギーコストとともに、減価償却コストも劇的に減らすことができる。CVSで実際にボランティア活動をした人には相応の使い勝手のあるサンクが渡り、自治体は大幅に財政負担を削減できる。

さらに、この「双方両得」の構造を持続的可能なものにするため、自治体が削減できた財政費用の半額（対前年比）を円貨で「環境創造カンパニー」に支払えば、ECカードシステムが持続可能な組織体として確立できるばかりではない。自治体も「持続可能な財政再建」を手にすることができるのである。ここで提起した手法のヒントは、エネルギーコストの削減を保証することで、削減コストから収入を得るESCOビジネス（Energy Service Company）である。ECカードは、ESCOの手法をごみ関連、福祉・文化・教育・医療など幅広い分野で具体化するための、不可欠のインフラとなりうる。

(4) 都市社会を活かす、すなわちコミュニティーの持続的発展を可能にする——良好な人間関係と良好な自然環境（＝物質環境）とは、

コミュニティーが持続的に発展するための二大条件である。環境創造通貨は、この二大条件を<u>同時</u>に実現するように働くことで、「持続的に発展可能なコミュニティー」を創造するための社会インフラとなる。その際、「持続的に発展可能なコミュニティー創造」のイニシアティブは、驚異的な結合労働力を産み出す人間関係の側にある。

換言すれば、良好な人間関係を築く鍵は、現代社会においては「購買力のあるオカネ」が握っている、ということだ。環境創造通貨「サンク」は、国民通貨の補完手段に過ぎない。だが、それは、円・ドル等々の国民通貨の動きを補完しながら、ゼロエミッションと完全雇用に向けた、「新しいモノの流れ」を誘導する通貨なのである。

なぜ補完的な誘導通貨が必要なのか。答えは、「円」という国民通貨しか存在しない経済を考えてみれば明らかであろう。そこでは、「過去の公的債務」（①）の爆発的累積から逃れることも、「将来の年金積み立て不足」（②）の爆発から逃れることも、20〜30年しか持たない住宅やビルに見られる廃棄物危機から逃れることも、永遠に不可能である。ちなみに、公社・公団の長期債務を除く①＋②の合計だけでも、2004年現在、約1,500兆円に及ぶと推定されている。ここで登場するのが、社会形成型地域通貨だ。「サンク」が「円」の流れを誘導できれば、新しいオカネとモノの流れが人の暮らしも、都市の景観も、国の形も、世界の姿をも変えることができるだろう。

だが、「持続的に発展可能な都市コミュニティー」とはどんな街なのだろうか。

日本に、農村共同体の伝統を受け継ぐ「村」のコミュニティーはあっても、市民自治に根ざした都市コミュニティーは、今日、存在しない。こういう歴史的風土のもとで、「持続的に発展可能な都市コミュニティー」といってもイメージが湧きにくいだろう。そこで、画像の力を借り、「コミュニティーのある自治団体」庁舎と「コミュニティーのない都市自治体」庁舎を比べてみることにしよう。

図表P−1　二つの自治体庁舎前広場

出所：http://www.info-wiesbaden.de/
stadt_land/Wiesbaden/landtag.htm

都庁前広場（嵯峨撮影）

　図表P−1の左の写真は、ドイツ連邦共和国のヴィースバーデンにあるヘッセン州議会議事堂で、1840年の建造物。右は、1991年竣工のご存じ新宿の新都庁舎だ。前者は築後165年、後者は築後わずか14年に過ぎない。万が一にも残っていればの話だが、165年後の都庁舎は想像しただけも悲惨だ。だが、ここで注目したいのは、現在の都庁舎前広場だ。「市民広場」と銘打った都庁前広場の何と空疎なことか。ここからは、微塵も市民の生活の臭いが伝わらない。

　対するヴィースバーデンの州議会議事堂前は、何と生活臭いのだろうか。ドイツの「州」（Land）は自治の水準から見れば、日本の「県」よりも「国」に近い。したがって、左の写真は日本流にいえば「国会前広場」ということになる。野菜を売る露店が、堂々と国会前で商いをしている。店を出しているのは、ヴィースバーデン近郊から来た農家の家族だろうか。生態系利用産業である農業を介した「都市と農村とのヒューマンな交流」、それがヴィースバーデンの国会前広場が発信しているメッセージだ。

　このように言えば必ず、「ヨーロッパで都市広場が発展したのは、それを可能にする気候・地形など自然条件があってのことだ」という声が聞こえてきそうだ。曰く、「まちづくり関して、日本もヨーロッ

パのように広場を作るべしという意見があるが、それは成功しないと思う」、と。だが、**図表Ｐ-１**の二枚の写真をもう一度よく見て欲しい。それが教えてくれているのは、都市広場のあり方を決めるものは決して地形や気候などの自然条件などではなく、そこに住む市民の社会的成熟度だ、ということである。都庁前広場から浮かび上がってくる市民像は「行政支配の客体としての市民」であり、ヴィースバーデン議事堂前広場から浮かび上がってくるのは「市民自治の主体としての市民」である。後者から、「持続的に発展可能な都市コミュニティー」の何たるかのイメージが伝わってこないだろうか。

　そして、いま一つ忘れてはならないのは、「人間関係環境と自然環境」との融合を促進する、「地域的利害」という視点である。

　「地域」という概念は、狭い街区に始まり、都市の一部、都市圏、広域自治体連合、さらには世界地理上の「国家群」（東アジア、欧州など）に至るまで、実に多様だ。いまや地球そのものが「人類の生活空間」という意味での「大地域」に変わった、といっても過言ではない。もともと「環境」という言葉も、「特定の生命主体の、比較的狭い生活圏」を意味する言葉であった。だが、「地球環境問題」が日常語になったということは、地球そのものが「人類に固有の生活圏という意味での大地域」に変容している証拠である。小は都市の一街区から大は地球に至る様々な「地域」が、環境創造通貨に導かれて「地域的利害」を成熟させていく。これが「持続的に発展可能な都市コミュニティー」を普遍化していく大道である。

　「地域」という概念の多様化、重層化とともに、地域通貨のイメージと役割も、固定的にとどまるわけにはいかないだろう。社会形成型地域通貨「環境創造通貨」がどのような「地域」にまで及ぶかは、環境創造通貨がこの国の内外で関心と共感をもって迎えられるか否かにかかっている、といえよう。

地域通貨を「持続的に発展可能な都市コミュニティー」形成の手段として位置づける発想の第一歩は、日本総研「地域通貨フォーラム」（2002年12月）での、嵯峨と山本の出会いにまでさかのぼる。その後両名は、ゼロエミッションの提唱者グンター・パウリをゲストとする大東文化大学80周年記念「第四回環境創造フォーラム大会」（03年10月24日）について意見交換するなかで、「地域通貨によるゼロエミッションの市民生活への拡張」という構想に到達する。これまで、ゼロエミッションと言えば「産業クラスター」という経済界の話、地域通貨と言えば「コミュニティー・ボランティア」という市民活動の話、という具合に完全に切断されていた。「第四回環境創造フォーラム大会」は、従来積極的に関連づけられることのなかったゼロエミッションと地域通貨を、初めて自覚的に結びつけた最初の場であった。当日のプログラムを簡単に紹介しておこう。

```
総合テーマ：ゼロエミッションと《地域社会の再生》
　　　　　──産業と市民生活の創造的融合を目指して
基調報告　グンター・パウリ
　　　　　（Zero Emissions Research & Initiatives 代表／トリノ大学エコデ
　　　　　ザイン担当教授）
　　　　　「21世紀世界の指針としてのゼロエミッションの意義」
報告１　　嵯峨生馬（日本総研・創発戦略センター研究員／NPO法人アー
　　　　　スデイマネー・アソシエーション理事長）「ゼロエミッションの
　　　　　市民生活への拡張を求めて──地域通貨の展開との関連で」
報告２　　貫隆夫（大東文化大学環境創造学部教授／日本学術会議会員）
　　　　　「ゼロエミッションと21世紀の再生産システム・製品認証」
ディスカッション コーディネーター
　　　　　山本孝則（環境創造学部教授／環境創造フォーラム運営委員）
```

　一見接点に乏しいと思われるゼロエミッションと地域通貨（ここでは社会形成型地域通貨に限定しおく）だが、メタ原理のレベルでみると、実は両者の思考様式が全く同じであることが分かる。パウリ自身

の定義によれば、ゼロエミッションとは一言で言えば「生産と消費のクラスタリング」である。定義中の「生産」を「供給サイドから見た市場」、「消費」を「需要サイドから見たコミュニティー」と置き換えると、社会形成型地域通貨とは、市場経済とコミュニティー・ボランティアとの「クラスタリング」（両者を集めて有機的な一塊りのシステムにすること）以外の何ものでもない。「クラスタリング」の実現形態がパウリの言う「アップサイジング」であり、本書の言う「環境創造」である（Ｖ章参照及び、山本『新人間環境宣言』丸善、2001年、参照）。

　ゼロエミッションと地域通貨が結びつくことで、直ちに明らかになることは、物質的な自然環境と人間関係的な社会環境とは《人間環境》の密接不可分の二側面であり、両者が抱える諸問題は《一つの総合システム》のなかで同時に解決されなければならない、ということである。この《総合システム》を《社会システム》または単に《社会》という。ドイツ・オランダ・スウェーデンなどで、「環境問題」が21世紀の《社会システム》の中心問題として位置づけられていることについては、すでに竹内恒夫の好著『環境構造改革――ドイツの経験から』（リサイクル文化社、2004年）で詳説されている。逆に日本のように、物質的な自然の問題と人間関係の問題が官僚的な縦割り思考で切断されている限り、「環境問題」なるものは袋小路に陥り、出口のない悲劇にまで導かずにおかないだろう。公的債務（日本の場合）や経常収支赤字（米国の場合）の爆発的肥大化の問題でも、事情は全く同じである。本書の基本精神である「クラスタリング」論は、官僚的な縦割り思考の対極に位置する。その意味で本書は、「環境問題」を人類再生の試練と捉える、すべての市民の皆さんへの熱いエールとなるだろう。

　本書のベースになっているのは、「第四回環境創造フォーラム大

会」での報告と討議である。その時の記録は、大東文化大学環境創造学部刊『環境創造フォーラム年報』第4号（04年9月）に収められている。今回改めて一書にまとめるに際しては、コーディネーター役の山本、報告者の嵯峨・貫の三名で想を練り直し新たに書き下ろすことにした。第Ⅳ章「ECカード流通のための製品認証」は貫が、第Ⅴ章「挑戦する地域・自治体」は嵯峨が執筆した。

　貫担当の第Ⅳ章では、「持続的に発展可能な都市コミュニティー」で流通する生産物の品質基準として、「ゼロエミッション度」「地域度」「社会進化度」という考え方が提起されている。その上で、これら三つの指標を満たす製品の普及に、ECカード（サンク）がどのように貢献できるかが論じられている。嵯峨担当の第Ⅴ章では、「ゼロエミッション度」「地域度」を基準とした各地の生産イノベーションの実態と地域通貨との関わりが、まず整理されている。さらに、生産現場を持たない消費タウン（渋谷とその周辺）でも、地域通貨を用いたゼロエミッション運動が可能であることを、筆者自身の様々な経験に基づき語られている。この意味で、第Ⅴ章は「アップサイジングを目指す日本の地域通貨」運動の小括である。

　第Ⅳ・Ⅴ章以外の諸章は山本が執筆した。第Ⅰ章では環境創造通貨が導入されるべき根拠が、第Ⅱ章では環境創造通貨のイメージが、第Ⅲ章ではそのシステムの概要が、第Ⅵ章では環境創造通貨の意義が、バックキャスト（予想される未来から現在と過去を反省的に回顧する研究手法）の視点を交え論じられている。

　ところで、2004年9月、山本はスウェーデン・イエテボリ市を駆け足で訪問する機会を得た。その短い体験から見えてきたのは、東京23区北端の地、板橋区高島平地域で環境創造通貨の導入を促す「地域的利害」の成熟であった（第Ⅶ章）。高度成長華やかなりし頃、「家賃が他の団地の2倍程度」にもかかわらず、入居者殺到の人気団地という顔と、当時としては珍しかった高層団地ゆえの「自殺の名所」

図表 P-2　大東文化大学環境創造学部研究室から高島平団地と板橋清掃工場を望む

(2004年8月、山本撮影)

という顔とが同居していたのが、高島平団地である（**図表 P-2 参照**）。その高島平が「市民による、市民のための、市民の地域再生」のメッカに変わる！　そんな予感を秘め最後のエピローグでは、現在進行中の「地元・大学連携による高島平再生プロジェクト」で環境創造通貨が果たすべき役割がスケッチされ、本書は結ばれている。

> 隗曰はく、
> 「古の君に、千金を以て涓人をして千里の馬を求めしむる者有り。
> 死馬の骨を五百金に買ひて返る。
> 君怒る。
> 涓人曰はく、
> 『死馬すら且つ之を買ふ、況んや生ける者をや。
> 馬今に至らん。』と。
> 期年ならずして、千里の馬至る者三あり。
> 今王必ず士を致さんと欲せば、先づ隗より始めよ。
> 況んや隗より賢なる者、豈（あ）に千里を遠しとせんや。」
> 　　　　　　　　　　　　　　　　　　　　　（「十八史略」より）

Section I
2015年──そのとき日本は
Environment Creation Currency

1 | 21世紀の行く末決めるのは黄昏れ・日本

　この本が出版された10年後の2015年、平成の年号が続いていれば平成27年だ。そのとき我が日本は、世界のなかでどんな位置を占めているのだろうか。どんな暮らしをしているのだろうか。戦後60年間、変転極まりない日本のことだ。それは、恐らく神にも予測のつかない未来だろう。だが、人は何らかの展望なしには、自覚的に生きることはできない。まして「世界における日本の役割」に無自覚でいることが許されないのが、今日の日本だ。にもかかわらず、国民一人ひとりにとって、いまほど「世界における日本の役割」に関心の薄い時代もないだろう。「それどころではない」からだ。精神的にも経済的にも全く余裕のない、だが当面のカネだけはふんだんに持っている、そういう極めて珍しい国民が世界の帰趨を握っている。危険極まりない話だが、これは紛れもない現実なのだ。まずそこのところから始めよう。

　21世紀初頭の世界は、二つの時限爆弾を抱え込んでいる。一つは、アメリカの巨額経常赤字に伴うドル暴落型の世界経済恐慌だ。それが世界経済に及ぼす計り知れないダメージは想像に難くない。世界恐慌なんて今どき起こるわけがないと、信じるにたる理由は何もない。いま一つは、エネルギー浪費・使い捨てのアメリカ型文明による地球環

境破壊だ。「過去50年間に米国一国が消費した資源は、全人類がその発祥以来使った総計よりも大きい」[注1]といわれるが、そのアメリカ型の使い捨て文明が、経済成長の名のもとに東アジア全域から旧ソ連にいたるまで、猛烈なスピードで広まっている。使い捨て文明の行き着く先は、地球規模の自然生態系の完膚なきまでの破壊である。

　一昨年8月、ミネアポリスの地域通貨システム「コミュニティーヒーローカード」の調査で嵯峨と北米に出かける機会があった。往路、現地に滞在中の友人の案内でニューヨーク州立バッファロー大学の食堂に立ち寄ったときのことだ。そこで見た光景は、これが本場の使い捨て文明かと想わせるものだった。プラスチック容器に盛られた圧倒的なボリュームの昼食を食べ残してしまったときのことだが、「どこに片づけるの」と友人に尋ねると、「隅の投入口から容器ごと投げ込むんだよ」との答が返ってくる。その直後に今度は、学生のリサイクルサークルが運営する学内施設を見せて貰う。このグループは、日本の水俣市顔負けの徹底振りで廃棄物の分別に取り組んでいるという。

図表Ⅰ-1　アメリカ経常収支の推移（1970-2002）

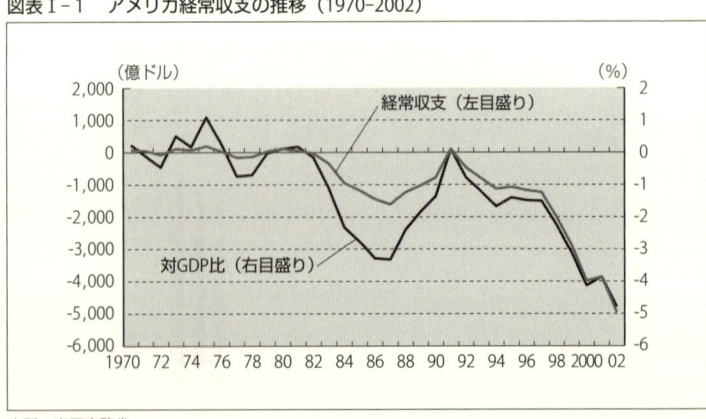

出所：米国商務省。

注1　石弘之『地球環境報告Ⅱ』岩波新書、1998年、215頁参照。

一本一本の木々を徹底的に手入れしながら、森全体の生態系を破壊している、と言った感じだった。

　われわれは依然、ドル暴落型世界恐慌と地球規模の自然生態系の破壊との危険な均衡にさらされている。国際金融の枢軸を占める基軸通貨ドルの圧倒的な存在感と、世界市場を支えるアメリカ型使い捨て文明を前にすると、「世界経済恐慌か自然環境破壊かのジレンマ」から抜け出す道はないように見える。

　この「破滅へのオルタナティブ」を物心両面で支えているのが日本という国である。日本のドル買い介入額は、2003年には、米国の経常赤字5,000億ドルの4割にあたる2,000億ドルに達している。日本のドル買いはイコール米国債買いであるから、米国の長期金利は上昇を免れ、米国の企業と家計は、借金体質を改める痛みを感じなくて済んでいる。日本の介入に支えられた米国の経常赤字は、アジアをはじめとする世界の成長マネーの供給である（**図表Ⅰ-1・Ⅰ-2参照**）。

図表Ⅰ-2　負債が積み上がる米国家計部門

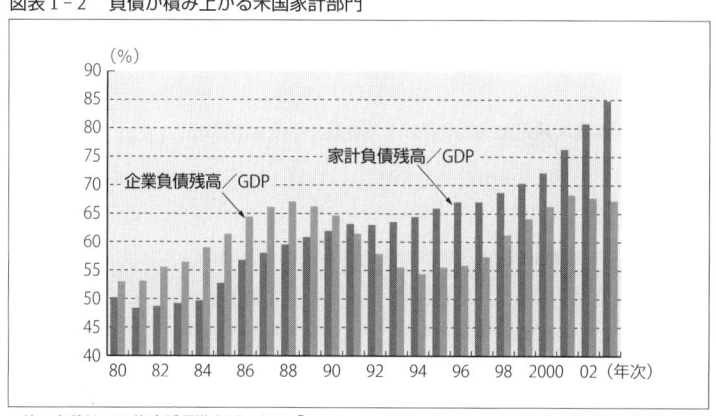

注：負債はFRB資金循環勘定データの「Debt outstanding by sector」、それぞれ第4四半期末残高を暦年名目GDPで割ったもの、2003年は予想。
出所：FRB、米国商務省。

図表 I-3　日本が保有する米国債の推移

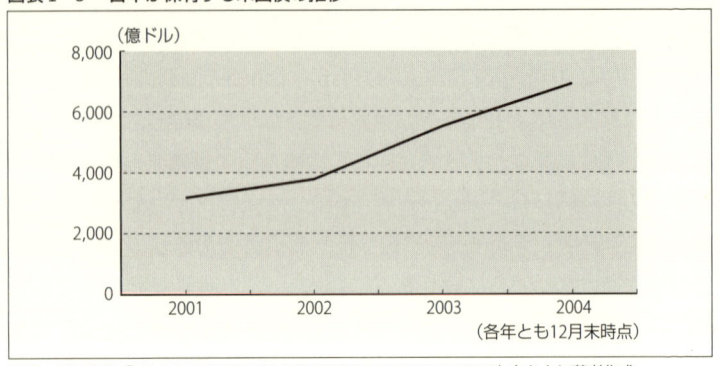

出所：米財務省「MAJOR FOREIGN HOLDERS OF TREASURY SECURITIES」をもとに著者作成。

　残念ながら、それは今日までのところ、明らかに、世界の自然環境破壊の金融的基礎なのである。経済、自然環境の両面で人類の行方の鍵を握っているのは「黄昏れの日本」なのだ。

　現在、米国債残高のうち約4分の1を米国以外の海外が保有していると言われている。米財務省によると、2004年12月時点における、米国債の海外による保有額は1兆8,849億ドルに上る。そのうち日本は6,899億ドルで、全体の3分の1以上に及ぶ圧倒的なシェアを占めている。2001年末の日本の保有額が3,179億ドルであることを見比べると、その急増ぶりが顕著だ[注2]（**図表 I-3 参照**）。

　ところで、21世紀・世界経済をリードしているのは間違いなく中国だが、その中国の成長のリード役は自動車産業だ。その自動車需要は、国民所得の向上とともに「乗用車の普及も進み、2010年には全国の保有台数が1,400万台を突破」すると予測されている[注3]。最近数年間、日本の自動車市場規模が軽乗用車を含め500-600万台だから、

注2　参考：米財務省　http://www.treasury.gov/
注3　日経 NET、2004年2月14日。

そのド迫力ぶりが伺われよう。肉食の増加など食生活の「向上」や道路建設にともなう森林伐採の影響で、中国国土の砂漠化に拍車がかかるだろう。いまや1年に2,460平方km（東京都の面積の1.1倍）のスピードで砂漠化が進行しており、その勢いは増すばかりだ[注4]。

いまや世界一の対米輸出国となった中国だが、獲得外貨の価値保全に余念のない中国は、ドルをユーロにどんどん変えている。対する日本。年間20兆円（2003年）のドル買い介入はそのまま米国債となって長期保有される（**図表Ⅰ-3参照**）[注5]。米国は長期金利上昇という痛みを伴うことなく、「世界の一方的買い手」として尊大に振る舞うことができる。結果として、「モータリゼーション＋ファーストフード（ハンバーガー・コーラ）＝肥満とゴミの大量生産」という文明が誕生した。それは、運命的な力で、万里の長城やインドのカースト制度をも越え世界中に波及していく。もちろん、全世界に市民社会を広げたのは、紛れもなくアメリカの不朽の功績であった。が、そのアメリカがいまや肥満＋ゴミ文明の象徴に堕落してしまった。堕落したアメリカ文明普及の最大の担い手が日本であった。その責任と罪は限りなく重い。

「債務と肥満とゴミ」を大量生産するアメリカ文明にストップがかからない限り、世界を覆う経済破綻、自然破壊、人間家畜化の危機は、すべて行き着くところまで進むしかないだろう。もしストップをかけられる国民がいるとすれば、アメリカの「債務と肥満とゴミ」を経済的に支えながら、自らも同じ「債務と肥満とゴミ」で沈没する可能の高い国民、日本人しかいない。

注4　独立行政法人緑資源機構ホームページ参照。
注5　ちなみに、2004年1月30日の日経NETの報道によれば「予算で決められた79兆円の為替介入枠に達し、財務省は外国為替資金特別会計で保有する米国債を一時的に日銀に売却して新たな介入資金を確保した」とあるが、これは日銀の最重要任務である「通貨価値の維持」の対象が自国通貨（円）から「円―ドル」レートの維持に変更されたことを意味する。地域通貨を対象とする本書の読者は、この点に十分留意すべきである。

いまから10年後の2015年、そのとき日本国民は、後生の人類に対し幾ばくかの責任を果しているのだろうか。言論の使い捨てに慣れ親しんだこの国では、明るい展望はほとんど期待できない。だが何はともあれ、超高性能のタイムマシンに飛び乗り、2015年の日本列島をのぞいてみよう。

2 | 2015年——目を覆う惨状

10年ひと昔とは昔のこと。何もかも余裕のなくなったいまでは、「5年ひと昔」が常套句になった。ふた昔前の10年前とはすべてが変わってしまった。その予兆は、「増え続ける社会保険給付」が国の一般会計当初予算を上回ったことが分かった2004年時点で、はっきりと現れていた。2002年の国民への社会保険給付の総額が過去最高の83兆5600億円に達した。その結果、対前年比2.7％増え「一般会計当初予算額を初めって上回った」（**図表Ⅰ-4参照**）。

某全国紙の2015年前半期の一面にざっと目を通してみる——「高齢化率、予想より1年早く25％に」、「債務不履行で破産状態の都府県数25、破産市町村は120にのぼる」、「来年4月から消費税4％アップで25％時代に」[注6]、「来年4月から帰属家賃に消費税。年間12兆円の超大型課税に」[注7]、「大増税の甲斐なく、国・地方を併せた長期債

注6　財政制度審議会は、2004年11月、10年後の2014年度「中期財政試算」を発表した。それによると、「増税や歳出削減を行わない場合、社会保障関係費の増大などで同年度の一般会計総額は119.4兆円（04年度82.1兆円）に膨張。税収・税外収入の歳入で賄えない基礎的財政収支（プライマリーバランス）赤字は27.8兆円（同19兆円）に拡大する。この赤字を穴埋めするには消費税率を21％に引き上げるか、一般歳出を3分の2程度に削減しなければならない」（『毎日新聞』2004年11月7日付）。この「試算」は、2010年代初頭の「財政黒字化」という目標が建前に過ぎないことを財務省自らが認めたものである。

注7　帰属家賃とは、持ち家（分譲マンション含む）を自己使用した場合に「家賃というサービスの対価が発生した」ものと擬制する国民経済計算（SNA）の概念である。国民所得に算入されている日本の帰属家賃は、04年現在約50兆円と、他のG7諸国と比較して過大である。その分だけ国民所得は過大評価されている。

図表 I-4　社会保障給付費の推移

年　度	社会保障給付費 (1)	対前年度伸び率	国民所得 (2)	対前年度伸び率	(1)／(2)
	億円	％	億円	％	％
1980 (昭和55)	247,736	12.7	2,032,410	11.5	12.19
1985 (　　60)	356,798	6.1	2,610,890	7.4	13.67
1990 (平成 2)	472,203	5.2	3,483,454	8.1	13.56
1995 (　　 7)	647,314	7.0	3,742,774	0.1	17.30
1996 (　　 8)	675,475	4.4	3,867,937	3.3	17.46
1997 (　　 9)	694,163	2.8	3,913,411	1.2	17.74
1998 (　　10)	721,411	3.9	3,792,644	△3.1	19.02
1999 (　　11)	750,417	4.0	3,733,403	△1.6	20.10
2000 (　　12)	781,272	4.1	3,790,659	1.5	20.61
2001 (　　13)	814,007	4.2	3,683,742	△2.8	22.10
2002 (　　14)	835,666	2.7	3,621,183	△1.7	23.08
2003 (　　15)	842,668	0.8	3,686,591	1.8	22.86

出所：国立社会保障・人口問題研究所。

務総額1700兆円（年金債務除く）」[注8]、「経常収支、34年ぶりに赤字転落」、「長期金利 5 ％の大台に」、「円暴落、 1 ユーロ200円、 1 ドル180円台に」、「大手・中堅企業、正社員の雇用を嫌い、新卒の半数がパートタイマー・フリーターに」。

　社会面トップに目をやれば、国民生活の困窮ぶりもすさまじい――「公的年金満額支給68歳案が急浮上。支給額は平均25％削減へ」、「減らない公益法人・特殊会社、なくなる公立病院・交番」、「○○市、 3 カ月ぶりのゴミ収集に住民から大歓声」、「原油価格急騰、全国各地でゴミ焼却炉の停止相次ぐ」、「合計特殊出生率、ついに1.1の史上最悪を更新」、「自殺者数 6 万人突破、10年間で倍増」、「鳥インフルエンザ・狂牛病の被害者、500人を突破。悲しき養殖畜産漁業の末路」[注9]などなど。

注 8　竹中経済財政相は、基礎的財政収支の黒字化を達成する2013年度までに、国債、地方債などの公債残高が900兆円強に達する見通しを明らかにした（参考：asahi.com. 2004/2/10）。
注 9　鳥インフルエンザとは鳥類がかかる A 型インフルエンザの一種。人に感染した例も報告され、死者も出ている。人から人への感染は確認されていないが、人間の体内などで変異して感染力をもつようになる可能性もあると言われている。

政治面のトップを拾い読みする──「デタラメ需要予測の途方もないツケ。政府、本四架橋四ルートのうち二ルートの廃止を正式決定」、「構造改革とは何だったのか、失われた25年の傷跡」、「国民の議論抜きの憲法改正案、総理大臣に国防軍派遣の非常時大権か」、「輸入穀物の買い占め騒ぎ、60年ぶりに米の配給制」等々。

　2003年から04年にかけて、日本は長期停滞を脱し「成熟した発展ステージに駆け上る」といった類の本がよく売れた。『日本株「超」強気論』（今井澂）、『日本経済復活への序曲』（田中直毅）などだ。確かに日本経済は2003年4月～04年9月の間、実質成長率2.58％とマイナス基調を完全に脱したかに見えた。

　しかし、名目成長率で見ると、2003年4月～04年9月の6四半期は、実質成長率の約半分、1.45％に過ぎない。しかし、実質成長率と名目成長率との逆転以上に重要なのは、日本経済の体質にかかわる不可逆的な変化である。

　それは、「貯蓄超過 ＝ 経常黒字の終わりの始まり」である[注10]。日本経済にとって最も恐ろしい急激な金利や物価の上昇を免れてきたのも、国民が刹那的な豊かさに溺れることができたのも、ひとえに「貯蓄超過 ＝ 経常黒字」の厚さのゆえだった[注11]。

　その貯蓄超過 ＝ 経常黒字の累積構造だが、2001年の時点ですでに累積構造は明らかな変容を伝えていた（図表Ⅰ-5参照）。つまり、経常収支の基礎である貿易収支は「企業内貿易収支」とそれ以外とに分けられるが、前者は、製造業を中心に日本企業の海外進出が進めば進むほど黒字が累積する傾向がある。工場プラントのための生産財輸出が伸びるからだ。その「企業内貿易収支」を除く貿易黒字は、1986年以降小さな波動を繰り返しながら消滅に向かっていたのである。

注10　国民経済計算上、国内の貯蓄超過は「海外の資金不足」と定義される。換言すれば、貯蓄超過（投資不足）＝ 経常黒字と定義される。
注11　戦後日本の貯蓄超過 ＝ 経常黒字体質と土地本位制との関係については、山本『不良資産大国の崩壊と再生』日本経済評論社、1996年、第3章第3節「日本経済における地価上昇・高地価の意義」。

図表Ⅰ-5　貿易黒字の秘密

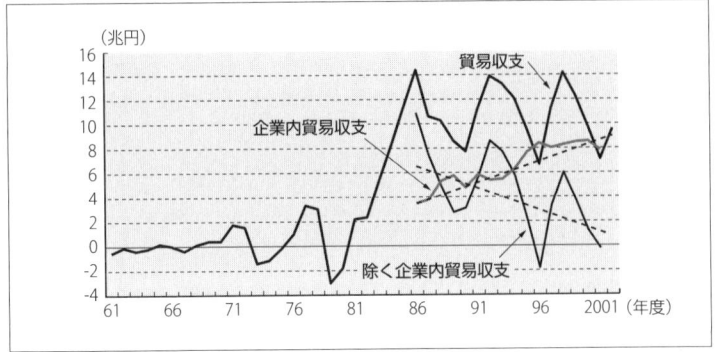

出所：木内登英「円高圧力が高まる理由」、日経NET、2003年12月25日。

3 確かなこと(1)──家計貯蓄率の低下

　経常収支の裏側は国内の貯蓄だ。長らく日本の貯蓄の主役は家計部門だった。その家計部門は、2003年の前期、資金循環統計史上初めて資金不足に陥った（**図表Ⅰ-6**参照）。家計部門の資金不足とは、**図表Ⅰ-7**中の家計部門の「貯蓄投資差額」がマイナスに転じたということだ。すなわち、日本経済の貯蓄超過体質、経常黒字体質を可能にしてきた家計部門で「新規の預貯金や株式投資等の額」よりも「貯蓄の取り崩しや借り入れ額」の方が大きい、とうことを意味する。

　〈**図表Ⅰ-7**〉からも明らかなように、98年に資金余剰に転じた企業部門の貯蓄超過は、デフレ不況が払拭できない限り当面続く。しかし国全体の貯蓄率[注12]は、家計の高齢化の進行、それに伴う家計・企業の年金保険料負担の増大、企業の退職金負担の増大によって、そして何よりも、2004年に始まった増税路線によって確実に低下していく。

　一国全体の資金過不足は経常収支に等しい。国全体が資金不足であ

注12　貯蓄率とは、家計収入から税金などを引いた可処分所得に占める貯蓄の比率で、年間を通じたフローの数値である。

図表 I-6　90年代家計部門の資金過不足

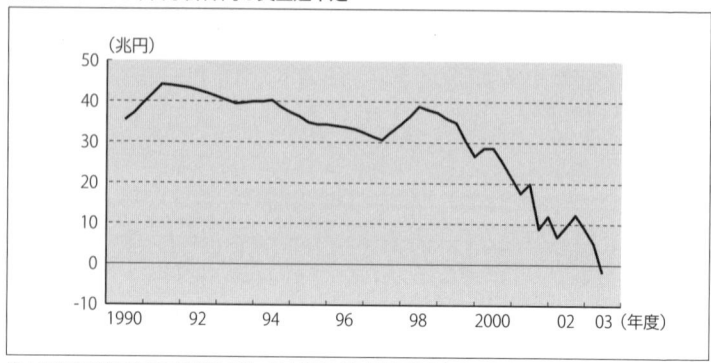

注：99年度以降は直近四半期の合計。日本銀行「資金循環勘定」より作成。

図表 I-7　部門別資金過不足（貯蓄投資差額）の対 GDP 比

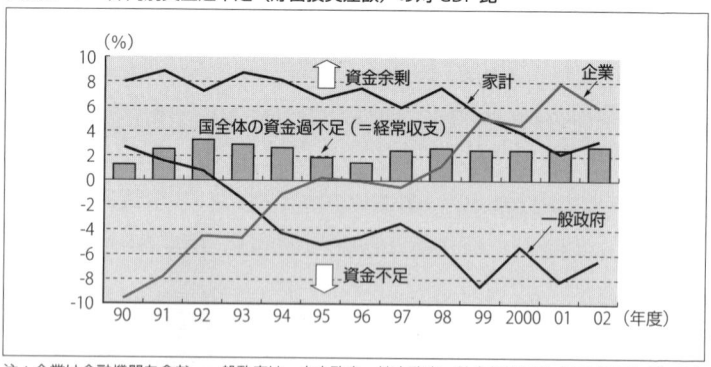

注：企業は金融機関を含む。一般政府は、中央政府、地方政府、社会保障基金（公的年金など）の合計。日本銀行「資金循環勘定」より作成。

れば、経常赤字ということになる。つまり、国内の消費と投資の合計が国内で生産された額より大きければ、その分海外から輸入し、その代金は過去の貯蓄（外貨準備）を取り崩すか、新たに借金するしかない。

4 確かなこと(2)──戦後ベビーブーマーの引退

　若年層の定職確保の困難と雇用全般の不安定化が一層激しさを増した2008年に入ると、戦後ベビーブーマー世代の大量リタイアが始まった。労働人口の世代交代が進めば進むほど、納税力でははるかに見劣りする派遣労働者やフリーターが増加した[注13]。

　図表Ⅰ-8は2000年時点の日本の人口ピラミッドだ。50歳から52歳までの3年間は、男女とも各年120万人近い人口を抱えている。ざっと合計すると約720万人。この世代の女性就業率（フルタイマー）を約3割、男性の就業率（同）を8割とすると、2009年（平成21年）から2012年（同24年）のわずか3年間で、合計約400万人が引退し

図表Ⅰ-8　2000年・日本の人口ピラミッド

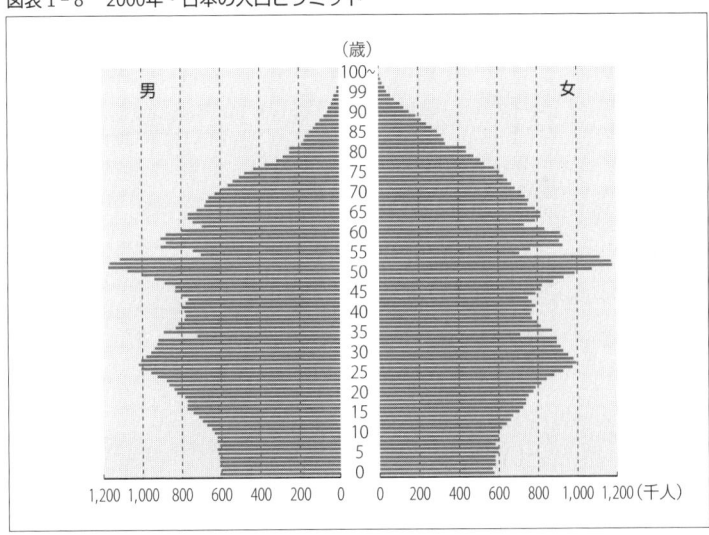

出所：総務省統計局。

注13　厚生労働省によると、2003年度の派遣労働者数は年間約236万人となり対前年度比10.9%増となった。1997年度は86万人だったことと比べるとその増加の勢いがうかがえる。

図表Ⅰ-9　歳出入ギャップ（新発債発行）の見通し（国の一般会計）

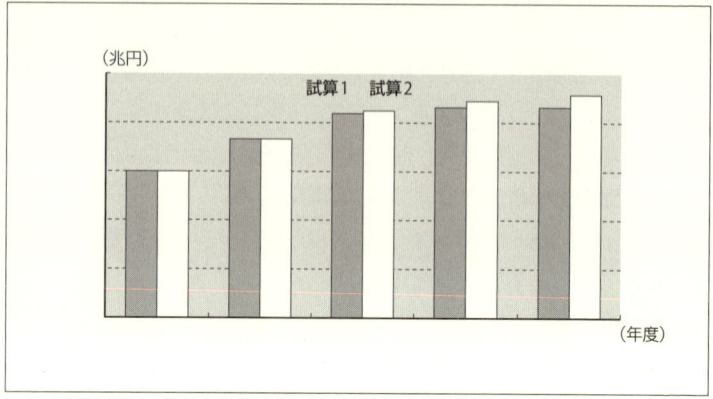

出所：財務省「平成15年度予算の昨年度歳出・歳入への概要試算」（2004年2月）より。
　　　試算1…名目経済成長率2004年度0.5％、2005年度1.5％、2006年度2.5％を前提。
　　　試算2…名目経済成長率2004年度以降0.0％を前提。

「年金生活」に入ったことになる。

　戦後ベビーブーマーの引退は、中央・地方の税収を激減させる一方、他方では、年金・医療保険給付を激増させる。図表Ⅰ-9によれば、2006年の歳入不足[注14]が45兆円だ。2008年には、新発債と借換債の合計は190兆円に上り、以後200兆円を大きく上回る年が続く（図表Ⅰ-10参照）。だが、国債を買うための貯蓄がすでに日本にはない。もちろん、ボツワナ以下の烙印を押された日本国債を買う外国人も限られている[注15]。

　日銀の必死の買い支えにもかかわらず、国債売りはとまらない。外

注14　我が国の財政法では、公債収入も税収と同じく「歳入＝収入」とされている（財政法第2条参照）。普通の家庭では、サラ金からの借金を「収入」とは言わないから、政府の用語には、ほとほと注意が必要だ。

注15　2002年6月、米国の格付け会社ムーディーズは、税収（50兆円）と政府長期債務（700兆円）との極度のアンバランスを理由に、日本国債をAa3からボツワナ以下のA2（シングルの中位）に引き下げた。ボツワナはダイヤモンド・銅・ニッケルを産するアフリカ南部の鉱物資源輸出国だが、日本政府は「人口の半分がエイズにかかっている国」より格下というのは不可解云々の声明を発し、大騒ぎになった（参考：読売新聞ホームページ、2002年6月16日）。

図表Ⅰ-10　借換債「収入」の見通し

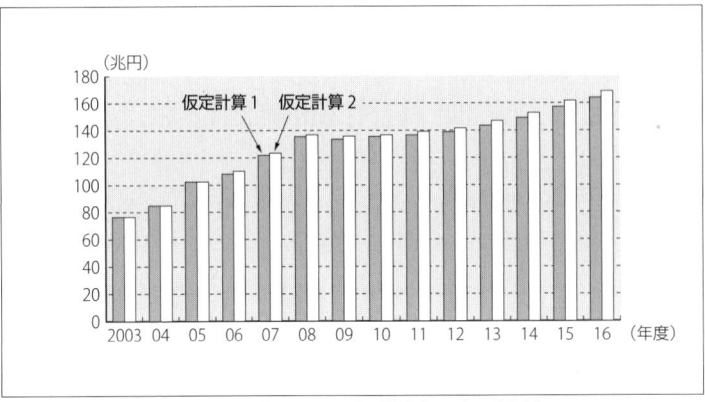

財務省「国際整理基金の資金繰り状況等についての仮計算」（2000年2月より）。
仮定計算1―名目経済成長率2004年度0.3％、05年度1.3％、06年度2.3％と仮定。07年度以降は、06年度と同額の新規国債が発行されると想定。
仮定計算2―名目経済成長率2004年度以降0.0％と仮定。07年度以降は、06年度と同額の新規国債が発行されると想定。
出所：http://www.keidanren.or.jp/japanese/policy/2003/044/honbun.html

貨や海外資産へ大逃避が始まった。にもかかわらず、イラク戦争の泥沼化で双子の赤字に手をつけられなくなったドルを買う者もわずかだ。そればかりではない。企業も家計も余分な貯蓄を失ったいまでは、日本政府が円売り・ドル買い介入に出ようにも、ドル買いの原資となる政府短期証券（FB）の買い手がいないのだ。

　米国債の最大の買い手であった日本政府がドル買いの余裕がなくなった2009年、機を同じくしてアメリカでも、ベビーブーマーの引退が始まっていた。税収が激減し、歳出だけが異常に増え続ける構造は日本と全く同じだ。だが、何と言ってもアメリカは世界の基軸通貨国だ。その余波は日本の比ではない。米国債暴落（長期金利の暴騰）、ニューヨーク株、ドルのトリプル安に火がついた。1ドル＝0.5ユーロ＝80円。とめどもないドルの投げ売りの行き着いた先がこの数字

だ。基軸通貨暴落は、世界の決済システムを凍り付かせ、世界貿易は数日間、完全に止まってしまった。石油や食料の備蓄の乏しい途上国では、餓えと疫病が蔓延した。いまや虎の子の外貨準備が流出し始めた日本でも、十分な石油を手当できない地域では凍死のニュースがたえなかった。

しかし、世界を地獄に陥れたドル恐慌もようやく峠を越え、世界の為替市場は徐々に落ち着きを取り戻していった。きっかけは化石燃料と穀物価格の急反発だった。化石エネルギー資源、食料など最重要物資を抱え込んできたアメリカ経済の本当の強さに、マーケットが気づき始めたのだ。その逆に、超円高こそが、一過的な異常事態であることも同時に認識され始めた。

2015年の日本──先進国中最低のエネルギー・食糧自給率、森林資源は荒廃の極みに達した。製造業は20年間にわたって海外に流出しつづけても、何ら抜本的な対策も講じられなかった。そして、世界有数の降雨地帯にもかかわらず、飲料水のみならず水の固まりである野菜という形で、水すらも大量に輸入するほかない「世界一の高齢者大国」。それが2015年の日本の真実だった。

円は、対ドルでもみるみるうちに下がり始めた。2010年の年平均レートが120円、2012年が140円、そしてついに、2015年は180円をつけた。農業と製造業が完膚なきまでに空洞化してしまえば、超円安などは、経済的メリットが皆無なばかりか、国民生活と企業活動にとっては最大級の災難でしかない。

5 │「食べられますか」が挨拶代わりに

1ドル180円を超える超円安の影響をもろに被ったのは、食料輸入だ。なにしろ、家畜用の飼料まで入れれば、食料の7割以上を輸入に依存してきた国だ。2015年の家計の平均所得は360万円。これは

2000年前後の約半分の水準だ。しかし、当時の円ドル・レートは110〜125円だったのだから、所得の使い勝手は名目所得の落ち込み以上に落ち込んでいるわけだ。とにかく家計にも企業にも役所にも、どこもカネがない。円高時代に「デフレメリット」を享受していた高所得の役人や一部常勤サラリーマン層、勝ち組ともてはやされた起業家たちにもかつての面影はどこにもない。どっちを向いても、暗い顔の貧しいお年寄りばかりが目につく。2000年前後には財務省・日銀があれほど待望していたインフレが、売り上げ・所得の大幅な減少のもとで始まった。

　老若男女を問わず、「食っていけない」「食べられない」が挨拶の代名詞になった。小泉純一郎や竹中平蔵など、かつての「絶叫マシーン」派の指導者を含め、「改革」という言葉を聞くだけで誰もが不機嫌になった。まるで敗戦直後（1945年）にタイムスリップしたようだ。だが、60年前のあの当時と大きく違うことが一つだけある。

　70年前に「食えない」といえば、紙くずのようなお札が山のようにあっても「買えるもの」（食料）がないという意味だった。グルメの口にあうかどうかはともかく、鶏にしろ、牛・豚にしろ、鯉にしろ、当時の食料に安全面では何の問題もなかったのだ。

　だがいまは違う。鳥インフルエンザに、狂牛病、魚ヘルペス、そして豚コレラだ。安全な動物性タンパク源は一つとしてなくなってしまった。ことに、2004年から猛威をふるいはじめた鳥インフルエンザは、「焼き鳥食文化圏」の東アジア地域に、壊滅的な打撃を与えた。

　北米輸入牛の狂牛病、東アジアの鳥インフルエンザ騒ぎから、魚介類の需要がにわかに急増したあおりで、魚の養殖が急激に伸び始めた。毎年大学倒産数が更新されるなか、「水産資源」系学部・学科のある大学が人気沸騰した。

　しかし、無理な養殖はヘルペス魚を広げるばかりだった。2003／

04年頃は、養殖魚の目立った被害はコイヘルペスに限られていたが、いまでは、様々な養殖魚介類がウイルス性の疫病で大量死している。発病魚の多くは、コイヘルペスと同様「人が食べても影響はない」と言われている。だが、発病魚やその大量腐乱死体は、様々な経路で湖水を汚染し、「命の自然」である自然生態系を破壊する。破壊のキーワードは、「養殖」と呼ばれる工場的農林水産業なのだ。

　鳥インフルエンザにしろ、狂牛病にしろ、元をたどれば、自然生態系に根ざしたエコインダストリーの典型である農林水産業が、工場的農林水産業に無理やり造り変えられたことに原因がある。そのときから「食えない」という言葉には、「使えるお金がない」という意味のほかに、「安心して食べられるモノがない」という原始的な意味が加わったのだ。
　2015年に開示された日本の真実——社会的な意味で食えないばかりか、自然的＝動物的なレベルでも「食えない」のだ。

6　自治体が破産すると

　国家破産とは、国に貸した金（国債購入代金）が踏み倒されるということだ。よほど大量に個人向け国債を持っているか、あるいは、公共事業依存の著しく高い建設業者の場合は別だが、国家破産したからと言って、そのこと自体が直接国民生活を直撃することは、意外なほど少ない。国家が破産した結果、霞ヶ関の官庁街が一カ月間閉鎖されても、ほとんどの国民生活への直接的な影響は意外なほど少ない。霞ヶ関の業務で、国民の日常生活と直結したものはほとんどないからだ。
　だが、暮らしに直結した自治体の破産は、そうはいかない。警察・消防・保健所、学校教育、老人や障害者のケア、上下水道、診療所など、市民生活に直結した公共サービスのかなりの部分を担っているの

図表 I-11　ゴミが路上にあふれる

出所:宮崎県立大学ホームページ

は自治体だ。なかでも、上下水道のストップと並んで影響が大きいのは、ゴミ回収にあたる清掃部門だ[注16]。

　給料の未払い続きで、東京のベッドタウンA市ではここ3カ月ゴミの回収が滞っていた。そんな折り労使交渉の結果、3カ月ぶりに半月分の給与がA市職員に振り込まれることになった。「3カ月ぶりのゴミ収集」を住民は歓呼の声で迎え、作業員に花束を贈るお年寄りも現れた。何しろ、道路・家の中、ところ構わずあふれるゴミの山が放つ悪臭とホコリで、誰一人して深呼吸すらできなかったからだ。

7 | 工場的農林水産業と「消費工場」都市

　工場的農林水産業とは、ハウス栽培や化学肥料・農薬の大量投与を特徴とする、地力消耗型の農業、林業、養殖漁業、養豚・養鶏・養牛

注16　若干の自治体の財政逼迫状況ぶりを挙げておこう。東京都板橋区——「一般財源が前年度［平成14年度］に引き続き減収する一方、義務的な経費の増大や緊急課題等への対応が迫られている中で、事前の予測で142億円、要求段階でも134億円規模の巨額の財源不足が見込まれる状況にありました」(参考:板橋区ホームページ http://www.city.itabashi.tokyo.jp/)。神奈川県横須賀市——平成14年度、横須賀は、新たな借金(180億円)をして、利子をつけて借金の返済(206億円)をする自転車操業に陥っている(参考:横須賀市ホームページ http://www.city.yokosuka.kanagawa.jp/)。

等の畜産業の総称である[注17]。それは、畜産飼料や養魚飼料などの飼料産業（化学／生物産業）、畜舎、生け簀（いけす）・漁港、栽培用ハウスなどの設備機器・建設業、農薬等の薬品、ロープ・シート等の化繊産業、さらには物流や金融・共済までもが組み込まれた、一大土地勢力（land Interest）である。

　だが、工場的農林水産業という生産方式だけでは、ストーリーは完結しない。消費のあり方が「工場的」でなければ、「工場」は即座に過剰在庫に見舞われる。そうはならなかったのは、工場的食料生産にふさわしい工場型の流通、工場型の消費、そして工場型の都市があってのことだ。即ち、流通業界の覇者に上り詰めたコンビニ、そして、日本人の食生活のみならずライフスタイルをも変えたと言われる、ご存じ「お弁当」であり、そうした消費生活抜きには一刻も成り立たなくなった大都市である。

　そこでコンビニの定義を覗いてみよう[注18]。

　・売り場面積が50m²以上230m²以下の小売店
　・食べたり飲んだりするものの売り上げが全体の半分以上である
　・1日14時間以上、1年340日以上開いている

　店舗の広さを別にすれば、弁当や総菜比率の上昇、営業時間の長時間化など、スーパーマーケットのコンビニ化が進んでいる。両者の垣根は著しく低くなっている。全国小売に占めるスーパーとコンビニの合計は、2015年時点で、恐らく7万軒以上に達するはずである。そうだとすると、弁当・総菜・ペットドリンクの「流通工場」が「1

注17　「豚肉、鶏肉、牛肉、羊肉の工場的生産は他のどのシステムからのものよりも伸び率が高い。1991〜3年の世界の食肉生産量の37％のシェアから、1996年の43％のシェアへ、豚肉と鶏肉では供給量の半分以上、牛肉、羊肉では10分の1、卵では供給量の3分の2は工場的生産方式から供給されている。予想されうるとおり、先進諸国が集約的な養豚、養鶏業を独占している」（参考：社団法人国際食糧農業協会ホームページ http://www.fao-kyokai.or.jp/）。
注18　コンビニの定義は、経済産業省の「商業統計表」、日経流通新聞などで微妙に違っているが、本書ではMCR（マニュファクチャラー・CVS・リサーチャー）の定義に従っている。

図表Ⅰ-12　ファーストフード店の店内。客は窓際で一列に並び黙々と食べている。

（嵯峨撮影）

日14時間以上、1年340日以上」、フル稼働していることになる。

　資本主義の発展とともに、個人消費は各人の絶対的必要性にではなく、「回りの人々の購買活動や所有物の広がり」に依存すると説いたのは、ガルブレイス『豊かな社会』（1958年）であった。そこには、相互に「依存」しながらも、意識の上では「主体的」な消費主体として振る舞う人々が描かれている。

　だが、21世紀の流通工場では、もはや「人が相互に人として向き合う」ことは一切ない。コンビニのアルバイト従業員は黙々と、SSTと呼ばれる情報端末機を棚のバーコードに当て、そのあと注文数をSSTに入力していく。客も、陳列棚を一巡したあとバーコード処理機能付きレジで会計をすませ、一言も発することなく店を出る。

　ひたすら餌を漁る養鶏所の鶏、山と積まれた食品の棚に手を出すコンビニの客——何の接点もなさそうな二つの光景だが、何か符合一致していないだろうか。

　サル行動学者の正高信男によれば、「ひきこもりもパラサイトシングルも、世界的に見て日本にしか見られない現象」だという[注19]。一

注19　正高信男『ケータイを持ったサル——「人間らしさ」の崩壊』中公新書、2003年、17頁。

見正反対に見える「ひきこもりとパラサイトシングル」だが、何の苦労もなく「エサにありつける」ところはそっくりではないか。

コンビニや「マクドナルド」「吉野屋」などの飲食フランチャイズチェーンは、都市のなかの自動餌付け機と呼ぶにふさわしいだろう。24時間休む間もなく稼働し、人が鶏のように黙々とエサをついばむ街。これが「消費工場」都市だ。

8 「消費工場」都市の最後

「消費工場」都市に欠かせないのが「清掃工場」だ。2015年の年の瀬、都内S区の「清掃工場」(クリーンセンター!)が、見込みよりも4年も早く使用不能に陥った。原因は、プラスチック容器の可燃ゴミ袋への混入率の高さと[20]、生ゴミのリサイクルがほとんど進まなかったことだ。プラスチック容器の混入もさることながら、総重量の9割が水分と言われる生ゴミの焼却が、焼却炉に多大な負担になったのは間違いない。小さな飲食店が少なくないS区では、典型的な巨大団地群からの膨大な生ゴミに加え、零細飲食店の生ゴミも区の焼却場に回ってくる。そのため、一日当りの最大焼却量600トンの「フェルント式全連続燃焼式火格子焼却炉」が、耐用年数30年のふれこみと裏腹に早くも使い物にならなくなった。

当面は緊急避難的に近隣自治体に泣きついて可燃ゴミを受け入れてもらえるとしても、早晩、焼却炉は更新しなければならない。更新コストは約180億円。だが、その金がどこにもない[21]。PFIの利用で持

注20 現在、プラスチック系廃棄物は市町村によって「焼却」「不焼却」の区別がバラバラだが、環境省は近々「焼却」に統一するとしている(日本経済新聞、2004年7月15日)。

注21 「多くの自治体が2004年度の予算編成中に生じた多額の財源不足に悲鳴を上げている。国が臨時財政対策債を含めた実質的な地方交付税を前年度に比べ一気に12%削減したのが原因だ」(日本経済新聞、2004年2月22日付け社説)。我が国の地方交付税とは使途制限のない一般財源であり、その9割以上が各地方自治体の財源不足(=基準財政需要額 - 基準財政収入額)の補塡として交付される。地方交付税の大幅削減(三位一体改革)は、地方行財政のゼロベースからの見直しを迫るものであり、「公共の仕事」に根本的な再考を迫る点で画期的だ。

図表Ⅰ-13　2003年当時、途方もない渋谷駅周辺再開発プランが動き始めていた[注22]

ち出しなしと豪語して始めた「駅周辺再開発」だったが、S区にとって100億円の出資金の焦げ付きが大きかった（図表Ⅰ-13参照）。富裕高齢者の都心回帰のためか、2008年から年金生活者が急増したS区は、2年前（2012年）から財政再建団体に転落した。破産自治体に金を貸すのは、自治体財産の乗っ取りを狙う「はげたかファンド」くらいのものだ。

　どこからか悪臭漂う高層マンションの一角に造作なく置かれたベンチ。すっかり使いでのなくなった年金手帳を手に、H老人が消えるような声でつぶやいた。「自分の定年と同時に寿命が尽きたのは、我が町の焼却炉だけじゃなかった。30年間住み続けたこのマンションもそうだ。建て替えにはマンション居住者の五分の四の賛成が必要だ。だが、世代も懐事情もバラバラな居住者ではとてもまとまりそうもな

注22　渋谷在住の一級建築士・渡辺徹によると、渋谷区役所の「渋谷駅周辺整備ガイドプラン21」には「大規模歩行者デッキによって歩行環境の改善を図り、駅上空には現状の3倍ほどの容積の超高層ビルを含む複合駅ビルを建てる案」が盛り込まれている。国交省や渋谷区の案では、建設資金は容積率の大幅緩和などの「公共空間の売却」で捻出するとしている。しかし、「公共空間」を買い取った再開発会社が累損にでも陥れば、出資金融機関・大企業・各種公的機関の損失補填問題が発生する。その原資は、最終的には様々な装いを凝らした税金である。そうなると、本来自己責任を追求されるはずの個人投資家の救済にも、税金投入が避けられないだろう（参考：「渋谷コモン」ホームページ http://www.shibuyacommon.org/）。

図表Ⅰ-14 築30年超のマンションストック数の増加予測（2004年12月31日時点）

	築30年のマンションが登場した年	現在（2005年）
三大都市圏	19年前（1985年）134戸	488,162戸
首都圏	19年前（1985年）134戸	328,732戸
東京都	19年前（1985年）134戸	177,587戸
神奈川県	18年前（1986年）27戸	78,049戸
近畿圏	17年前（1987年）200戸	128,033戸
中部圏	12年前（1993年）46戸	31,397戸

出所：東京カンテイ。

い。といって、わずかな退職金をつぎ込んでも、新居購入にはほど遠い」。

　H老人の悲痛なうめきは続く──「いい学校、いい資格、いい職場、人もうらやむ名声、そして、家族のため・老後のためと、いつも将来のため、世間体だけのために頑張り続けた。すべてうまくいったかに見えた。だが、仕事を引退したら、まともに口をきいてくれる家族も友達もいなければ、安んじて生きられる場所すらない。いったい何だったんだ、俺の人生は」、と[注23]。

注23　我が国のマンションは築30-40年で建て替えの必要に迫られるのが普通だ。しかしながら、民間の不動産情報サービス会社の東京カンテイによれば、築30年を超すマンションは今後急増し、10年後には100万戸を突破する見通しだという。ミニ乱開発、欠陥住宅とともに、「団地」「マンション問題」は高齢化時代の大問題になることは間違いない。

25万戸突破	50万戸突破	100万戸突破
2年前（2003年） 278,723戸	1年後（2006年） 568,140戸	6年後（2011年） 1,065,079戸
1年前（2004年） 260,051戸	4年後（2009年） 531,807戸	10年後（2015年） 1,033,800戸
4年前（2009年） 281,133戸	10年後（2015年） 540,825戸	26年後（2031年） 1,026,821戸
11年前（2016年） 256,415戸	23年後（2028年） 525,194戸	―
6年前（2011年） 260,576戸	13年後（2019年） 517,509戸	28年後（2033年） 1,010,764戸
22年前（2027年） 256,389戸	―	―

Section II ケイ君、環境創造都市を語る

Environment Creation Currency

1 仮設工場列島

　2015年は、第二次世界大戦の敗戦から数え70年目にあたる。70年前の日本と言えば、「使えるお金がない」という意味でも、「食べられるモノ」がないという意味でも、文字通り食えない時代だった。もちろん安んじて住める家もなかった。それが70年前の日本だった。70年と言えば、ひと昔前の日本人の平均寿命に近い。人の一生をかけてたどり着いた最後が、「食えない」「住めない」「（使える）カネがない」「コミュニケーションがない」生活への逆戻りだとすれば、「俺の人生、何だったんだ」というH老人の呻き（うめき）も、もっともな話だ。

　しかし、話は単に70年前に逆戻りしたというわけにはいかない。事態はより一層深刻だ。同じ食えないにしろ、あの頃の日本は子供や青少年のあふれた、希望の国だった。広島、長崎は原爆で灰燼に帰したが、その他の国土はさほど汚染されてはいなかった。だが、いまは違う。鉄筋コンクリート漬けの国土、化学物質まみれの土壌、水、空気、薬漬けの動植物と人体、そして制御不能な国家債務だ。

　工場型の農林水産業に始まり、工場型の流通業（コンビニ）、工場型の住宅（鉄筋中高層住宅）、工場型の食生活、工場ライン型の道路、トコロテンのように生徒・学生を排出する工場型の学校、工場型のゴミ焼却場、そして渋谷センター街や東京ディズニーランドのようなレ

ジャー生産工場にいたるまで、キーワードは「工場」だ。20世紀の後半、人は「脱工業化」だとか「情報資本主義」だとか「経済のソフト化」だとかを盛んに喧伝した。農業・工業の時代に続き「情報サービス産業」「金融情報産業」の時代が来ると、盛んに教え込まれてきた。確かに、携帯電話やインターネットというデジタル情報が、多くの国で経済の牽引役に躍り出た。だが、デジタル情報とその上を踊るマネーがもたらしたのは、工場型の農林水産業、工場型の食料流通、工場型の消費生活、そして「都市の消費工場化」だったのではないか。

だが、「いったい何だったんだ」とうめきたくなるのは、H老人だけでないだろう。同じ思いは、戦後ベビーブーマー世代とその前後に生まれた、多子時代の世代が共有しているに違いない。

とはいえ、2015年の日本は、悔悟の念で沈みきった人達だけではなかった。「沈み行く日本」とべつの「もう一つの日本」の姿を、"ありがとう猫のケイ君"の案内で垣間見ることにしよう。ケイ君は地元K市でも天才猫の誉れ高く、相談に押し掛ける者が後を絶たないと評判の、超多忙猫君だ。

2 ありがとう猫の文法哲学、日本を斬る

山本●今日は忙しいところ、時間を割いてくれてありがとう。ところで、君の仕草は「ありがとう猫」というより、「お願い猫」と言った方がぴったりだが、どうして「ありがとう猫」というのかな。

ケイ君●いいことを聞いてくれました。例えば、レストランやそば屋で何か注文するとき、貴方なら何と声をかけますか。きっと、「すみません」とか「お願いします」でしょう。追加でビールを頼みたいときも、「すみません、ビール一本」といった具合ですよね。この場合の「すみません」は別に「悪いことをした」と謝っているわけではなく、何かを頼む場合のかけ声みたいなものですよね。ヨーロッパや

アメリカなら「ボーイさん」や「ハロー」といったところですね。これは誰でも分かります。

図表Ⅱ-1　ありがとう猫のケイ君[注24]

ところが、日本にきたばかりの外人に分からないのは、そういう「依頼のかけ声」とは違った使い方の「すみません」です。例えば、ちょっと道を教えてもらったり、モノを落としたときに誰かが拾ってくれたとする。

　　　拾った人──どうぞ　　落とした人──すみません

この場合の「すみません」は単なるかけ声ではなく、謝意を示す言葉です。欧米人なら「ありがとう」（Thank you、Danke、Dank u、Merci、Grazie、Gracias）ですよね[注25]。中国語なら謝謝（シエシエ）です。

ところが、「かけ声」、「謝意」のほかに、「すみません」にはいま一つの使い方があります。「ごく軽い謝罪」です。「遅くなってすみません」「勝手を言ってすみません」というわけです。つまり、「すみません」には「相手に謝る、礼を言う、依頼する」（『大辞林　第二版』）という三つの違った意味があるのです。つまり、英語では"sorry"、"thank"、"ask"ですから、とても一つの言葉には納まりません。でも、

注24　「ありがとう猫」とは筆者が金沢・兼六園で求めた九谷焼の猫の置物につけた愛称である。発売元の西初男さん（西・長峰堂当主、石川県小松市）からは「お祈り猫」をイメージして制作されたと聴いている。なお、本書への画像掲載及びECカードでの画像使用については、西さんのご了解を得た。記して謝意を表したい。

注25　地域通貨「サンク（thank）」のトレードマークは、ドイツの"Danke"の頭文字をデザイン化したものである（本書カバー参照）。これは、英語の"th"がドイツ語では"d"の音に変化したゲルマン語史にあやかってのことである。bath（英）–Bad（独）、that（英）–das（独）、think（英）–denken（独）などは、「高地ドイツ語子音推移」（第二次子音推移）と言われる音韻変化の一例である。

日本語のニュアンスとしては最初の「相手に謝る」という意味が基本です。日本人はすぐ謝る民族だととられがちですが、それは、「すみません」の乱発と無関係ではありません。

山本● そう言えば、本当は謝る気なんかサラサラなくても、平気で「すみません」を乱発してるよね、みんな。ところで、「すみません」ってもともと、「済む」という自動詞の否定的用法だよね。

ケイ君● 珍しく、いいところに気づきましたね。

山本● 珍しくは余計だが、一体どこがいいの？

ケイ君● 「済む」という動詞には色々な意味があるようですが、『岩波 国語辞典』（第六版）では三つの意味に整理した上で、それらを束ねる原義として「物事が完了する。『澄む』の転」とあります。

> ① 終わる。「試験が済む」「済んだ事をとやかくは言うまい」
> ② 物事が十分に行われる。それで間に合う。解決する。「上着なしでも済む」「金では済まない問題」
> ③《多く否定・反語の言い方を伴って》他人に対し言いわけが立つ。「これで済むと思うか」→すみません

もう分かったでしょう。「済まない」「済みません」というのは、完了の否定形と言うことです。つまり、「未完了」という意味なのです。「済まない」「済みません」を四六時中、口にしているということは、「とりあえず」の事に終始して、本当にやるべきことを終えられずに、課題を先送りすることと同じなのです。20～30年ごとの建て替えや大改修を想定した日本の住宅事情を考えてみてください。すぐ燃える紙と木の家に住んでいた時代ならともかく、ミニ乱開発の狭小住宅や短期間で造れるマンションを見ていると、日本の住宅の大半はいまだに「とりあえずの仮設住宅」といった感じですね。<u>日本の都市が持続不能な証拠です</u>。

山本● 「すみません」が未完了という意味で、それが「古い日本社

会」の持続不能性につながっているというのはよく分かったけど、「完了」は単なる過去とどう違うの？

ケイ君●「私は仕事をすませてしまった」という日本語の文章を見ても、それが過去形なのか現在完了形なのかという時制の違いは、私のような天才猫でもわかりません。

でも、① "I have finished my work" と ② "I finished my work" とは、全く違う時制なんです。前者に "just"、後者に "several minutes ago" でも補えば、よく分かるはずです。

① "I have just finished my work"「私はいまちょうど仕事をすませました」
② "I finished my work several minutes ago"「私はほんの数分前に仕事をすませました」

①は「過去との連続性が保たれている現在」であって、重点は「いまちょうど」というこの瞬間の「現在」にあります。②が数分前という単純な「過去」そのものであることは、すぐ分かりますよね。日本人には「過去」「現在」「未来」という単純な一時点には何の抵抗もないのですが、過去でもなければ現在でもない、あるいは逆に、過去でもあり現在でもある、現在完了形は本質的に受け付けないんです。スミマセン、大胆なことを言ってしまって。

山本●いや凄いよ、ケイ君！　びっくりした。心から物事を頼んだり、礼を言っているわけでもなければ、謝っているわけでもない。にもかかわらず口先だけで「すみません」「すみません」を連発していたから、泣き言で人生が終わるしかなかったんだね。長い人生で、一度たりとも「過去との連続性が保たれている現在」と向き合ったことなんかないのだから。さっきのH老人みたいに、人生の価値は「将来、将来、将来」に置かれ、かけがえのない現在の価値は常に割引かれるんだね。割引現在価値ですよ。

図表Ⅱ-2　現在完了と単純過去

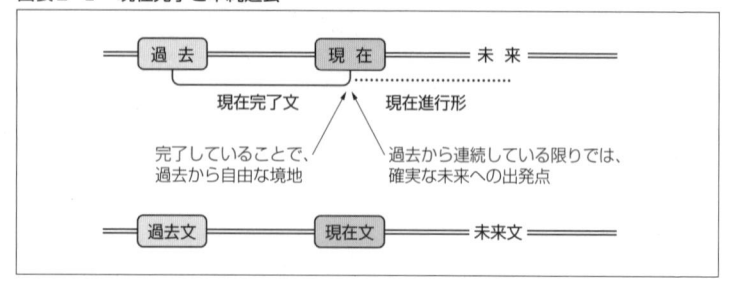

```
══過　去══┤現　在├══════ 未　来 ═══════
         現在完了文　現在進行形
         完了していることで、/過去から連続している限りでは、
         過去から自由な境地　確実な未来への出発点
══過去文══┤現在文├═══════ 未来文 ═══════
```

ケイ君●平たく言えば、「現在完了」という時制が大切なのは、この時制意識に立つことで人間は初めて、「現在を価値ある完了状態として素直に楽しむ」という境地にたどり着けるからです。「現在」が「価値ある状態として完了している」からこそ、「過去の遺産」が「未来の基礎」となり、持続可能な（sustainable）生活世界が創れるんです。「現在」が「価値ある状態として完了できる」のは、時間の有限性を認識できて初めて可能になる境地です。時間が有限で個別的であるからこそ、一瞬一瞬が独立の価値ある状態でなければならないのです。

整理してみましょう。現在完了形の世界というのは、物事がひとまず完了している限りでは、過去とのしがらみの断たれた自由な境地です。と同時にそれは、「過去との連続性が保たれている現在」である限りでは、未来への出発点になるんです。

だから、その世界の住民である私は、「ちゃんと済ませてくれてありがとう、やり遂げてくれてありがとう、持続可能な生活世界をありがとう、自分が歴史の一齣であることを教えてくれてありがとう」と、いつも感謝の気持ちで過ごせるんですよ。そんなわけで、私、「ありがとう猫」というわけです。

山本●それで君はいつも、ニコニコ笑顔なんだ。でも、どうして君は「現在を価値ある完了状態として素直に楽しむ」現在完了の境地に

たどり着けたのかしら。

ケイ君●「古い日本」の人達って本当に気の毒ですね。心から同情します。どうしてそんな馬鹿げたことになるのかと言えば、「古い日本」の人達は、一人ひとりはどんなに「引きこもり」に励んでいるように見えても、本当は自由な自分の時間というものを持っていないのでしょう。ミヒャエル・エンデさんが「人間というのは、一人一人がそれぞれ自分の時間を持っている。そしてこの時間は、本当に自分のものである間だけ生きた時間でいられる」[注26]と語った深い意味は、「人が経験している時間はすべて、その人だけの時間だ」と言うことでしょう。エンデさんの Zeit ist Leben（時間が人生［生命の営み］なのだ）とは、本当に含蓄のある言葉ですね。簡単なことだけど、これに気付いている人は、ほとんどいないでしょうね。

3 《ありがとう広場》にて

ケイ君●沈没し始めた「古い日本」のキーワードが「すみません」なら、新生日本のキーワードは「ありがとう」です。新生日本でも「すみません」が死語になったわけでは全くありませんが、使用頻度は「古い日本」の三分の一くらいに減っています。「すみません」はもっぱら「軽い謝罪」という本来の意味で使われ、「感謝」や「依頼」の意味では、「ありがとう」や「お願いします」が使われるようになりました。

山本●それじゃケイ君、「新生日本」の代表と言われているK市内を案内してくれるかな。

ケイ君●任せなさい。最初にいま評判の《ありがとう広場》に行ってみましょう。すでに風格さえ漂わせているこの広場ですが、じつは昨年完成したばかりなのです。

注26　ミヒャエル・エンデ『モモ』（愛蔵版）岩波書店、2001年、209頁。

図表Ⅱ-3　フライブルク　大聖堂広場(1)

Münsterplatz in Freiburg（山本撮影、2004年9月）。本章ではフライブルクとグラーツの画像が計4枚使われているが、すべてイメージ画像としてであり、仮想のK市とは直接関係がない。

ここがK市の誇り、《ありがとう広場》です（**図表Ⅱ-3参照**）。「古い日本」では、「ありがとうございます」は売り手から買い手へと一方通行でしたが、ここでは、売り手も買い手も双方向で「ありがとう」で始まり、「ありがとう」で終わるんです。だから、ここでは広場で過ごす誰もが、眺めたり眺められたりして、くつろぎの時を過ごすことができるんです。

（二人、否、猫一匹と人間一人、広場のカフェテラスでくつろぐ）

山本●そうだね。広場──たいていは泉付の──こそは、「パブリックとプライベート」をうまく融合したヨーロッパ文明のエッセンスだね。公と私の矛盾と緊張感に彩られたヨーロッパ2000年のエッセンスと言っていい。「公でもなければ私でもない。私でもあって公でもある」。そういう不思議な感覚は、まさに成熟した大人の感覚だよね。

それに引き替え、僕の住む「古い日本」で広場といえば、「○○の学習広場」「交流広場」「触れ合い広場」（出会い系サイト？）といったバーチャルな情報チャンネルがやたら目につくよね。そうじゃなければ、「駅前プラザ」「サンプラザ」みたいな商業ビルの名称だったり

図表Ⅱ-4　大阪府高槻市・萩谷総合公園内の「わんぱく広場」——郊外型児童公園も「広場」？

出所：高槻市ホームページ

して、がっくり来るよ。いずれにしろ、「空間として実在する広場」じゃない。仮に本物の広場空間であっても「交通広場」「駅前広場」で、とても長居できる場所じゃないよ。ときには、どうみても原っぱか、児童公園のようなものを「わんぱく子供広場」なんて言っている例もあるけどね。

ケイ君●ヨーロッパ大陸の広場は、「公的な空間で私（わたし）が主役になる」といったイメージですね。つまり、「公」とは人民の支配者（官）のことではなく、人民を引き立てるためのサーバントなんです。確かにこれは、日本には全くと言っていいほど欠けている点なのでしょう（**図表P-1・Ⅱ-3**参照）。

ところで、ボチボチ昼食にしましょうか。最近キャットフードから足を洗って、なるべく自然な食生活を心がけてるんですよ。何と言っても、「医食同源」、健康の基本は食生活に尽きますからね。このカフェテラスの料理なんか、みんな近くの農家でとれた資源循環型の野菜や肉を使っているんです（**図表Ⅱ-5**参照）。

日本にも昔は「○○広小路」や「○○辻」といった広場を彷彿させる言葉はあったんですが、それも昔の話。いまでは広場といえば、断

図表Ⅱ-5 フライブルク 大聖堂広場(2)

(2004年9月、山本撮影)

然、(1)インターネット上のバーチャル空間、(2)雑居商業ビル、(3)子供向け原っぱ、(4)駅前バスプールですよね。

　これに対してヨーロッパの場合、まず市場機能を担う「中央広場（市場広場）」があって、教会、市議会（役所）、各種同業者組合の建物がそれを取り囲んでいます。「中央広場」のあるところが「下町」（ダウンタウン）で、そこに商業機能が集積している。つまり、「中央広場（市場広場）がその都市の顔」なのですが、日本の都市には「顔」がありません。「顔のない都市」って、よく考えてみると気持ちの悪いことなんです。

　日本にもランドマークタワーと呼ばれる商業ビルが、「都市の顔」の役割を果たしているという人もいるけど、あれは、所有や管理権からみれば、単なるプライベート空間でしかありません。西欧の広場の所有権は自治体ですが、その使用の仕方は、野菜市場やオープンテラスなど「民間使用」ですよね。これぞ「パブリックでもなければプライベートでもない」と同時に、「パブリックでもあり、プライベートでもある」なんです。ヘーゲル先生やマルクス先生をまねれば、「私的所有の廃止」と区別された「私的所有の止揚」ですね。

ほとんどのヒトはまだ気づいていないようですが、ネコの私にはとっくの昔から分かっていることが一つあります。それは、「中央広場（市場広場）」こそが都市という社会空間の中心（ヘソ）であるばかりでなく、経済の質、社会の質、生活の質などおよそあらゆる人間関係の質を決めるヘソなんです[注27]。

　まず①近隣で生産された新鮮な果物や野菜が市場広場に運ばれる。次に、②農産物が市場広場で商われ、③市場広場のカフェテラス・レストランで料理される。④農産物はテラスでの食事と語らいの楽しみを与えてくれる。

　もうお気づきですよね。自然に働きかける生産から始まり、商取引、加工・サービス・消費に至るまでの、「生活の質的向上を可能にする空間的な仕掛け」が凝縮しているのがこの中央市場広場なんです。《持続可能な循環型社会》[注28]とは、モノの面に限れば、<u>生態系に根ざした物質代謝が社会的な規模で保証された社会経済システムのあり方</u>なんです。そういう社会経済システムを《上質な社会的物質循環を保証する社会経済システム》と呼ぶことにしましょう。

4　「持続可能な循環型社会」とは──言葉を空疎にする「古い日本」

ケイ君●山本さんも「持続可能な循環型社会」なんて言葉をよく使

注27　「中央広場は、人々にとって一つの場所でなければならい。中央広場は、人々がそこに座り、くつろぎ、語り合い、新鮮な驚きを共有する機会を提供しなければならない。そうした働きと並んで中央広場は、市の中央舞台・イベントの場として、わがまちの中心市街地に〈生活の質〉を持ち込むものでなければならない」──オーストリア「緑の党」グラーツ支部のホームページの一節である（http://www.graz.gruene.at/innere.stadt/hauptplatz.php）。こんなハイセンスなスローガンを掲げられる政党、団体が日本にあるだろうか。溜飲が下がる思いだ。

注28　「目指すべき姿は、環境負荷が自然の再生能力の範囲内に完全に抑えられている社会です。かけがえのない地球環境を次世代に引き継ぐために、人間社会は、再び自然の中に戻り、環境負荷を完全に自然の回復力の範囲内に留めていく必要があります。そのためには、温暖化防止・省資源・汚染予防の目標をもっと明確にしていくことも重要です」（http://www.ricoh.co.jp/ecology/keynote/5.html）。「持続可能な社会では、環境的な大きな問題は、環境への衝撃を長期的に持続可能なレベルにまで削減することにより解決される」（*A Swedish Strategy for Sustainable Development ── Economic, Social and Environmental*, Government Communication 2003/04: 129, p.4）

ってるようですが、「古い日本」人が言うと、どこか空疎ですよね。《社会経済システム》に限らず、「古い日本」じゃ言葉がみんな死んでいるんです。役所の広報で「守ろう人権、育てよう思いやりの心」[注29]なんて言われると、ホント、気持ち悪いですよね。「人権」も「思いやりの心」も当たり前な社会ならば、そんな馬鹿馬鹿しいことをわざわざ言うはずがありませんからね。

山本●首都高（首都高速道路）やたちの悪い自動車専用道路が縦横に走り、工場のような大マンション群を前にして、「緑と文化の活力あるまち」だとか「文化と自然の香り高い、歴史と革新のまち」なんて言われると、本当、切ないよね。だから、僕も「古い日本」じゃ言葉がみな死んじゃっていることは認めるよ。もっとも、こんなことを言うと、「古い日本」の住民達は「我々の言葉は立派に通い合ってますよね」と真顔で抗議するか、薄ら笑みを浮かべてシカト[注30]するか、どっちかだけどね。

でもね、《ありがとう広場》の花の市（図表Ⅱ-6）とオープンレストラン（図表Ⅱ-3）だけじゃ、《上質な社会的物質循環を保証する社会経済システム》が凝縮していると言われても、納得いかないな。料理を作り、それを「消費」すれば、多かれ少なかれゴミがでるよね。それが有効に利用できて、初めて《上質な社会的物質循環》と言えるわけだろう。

ケイ君●ご名答！　生ゴミに限らず、生産、流通（商業）、消費という経済循環の各場面で廃棄物が出ますが、K市では、これらの廃棄物（モノ）をすべて資源―製品化のルートに載せる仕組みが開発できたんです。このモノの循環の仕組みを「ありがとう循環」と呼んでいます。

すこし詳しくみると、「上質な物質の循環」は、「①廃棄物―②分別

注29　「せたがや――区のお知らせ」NO.1133、2003年12月1日発行。
注30　『広辞苑』（第5版、CD-ROM版）によると、シカトとは「〈花札の紅葉の札の鹿がうしろを向き知らん顔しているように見えることからいう〉相手を無視すること」とある。ちなみに、「紅葉の札」とは「10月の札」のこと。

—③再資源化—④生産—⑤新製品化」と「①廃棄物—②分別—③クリーニング／補修—④中古品」という二つのタイプに分かれます。前者が狭い意味での「リサイクル」、後者が「リユース」です。細かいことですが、使用済みペット容器をフレークやペレット化してフリース製品や軍手の原料として再利用するのがマテリアルリサイクル。ペット容器を化学分解処理してポリエステル樹脂製造の中間原料などの「化学原料化」するのがケミカルリサイクルです。最近話題の「使用済みペットボトルから新しいペットボトル」を造る技術がこれです。これに対して、生ゴミコンポストを利用し「常温・常圧で土壌や肥料化する」のが「ゼロエミッション」です（詳しくは第Ⅳ、Ⅴ章参照）。

山本●つまり、「上質な社会的物質循環」とは、環境負荷が最小な現代社会のあり方なんだね。具体的には、「ごみゼロ」に関連するゼロエミッション、リユース、リサイクルのうち、「ゼロエミッションが最高得点で、ケミカルリサイクルやマテリアルリサイクルが最低点として評価される循環」ということになるね。

ケイ君●その通りです。通常はごみの焼却から熱エネルギーを採るサーマルリサイクルもリサイクルの一種だといっていますが[注31]、あれはおかしい。リサイクルではなく、「コージェネレーション」（熱電併給）というべきでしょうね。そうだとすると、リサイクルのうちでも特にエネルギー消費が大きく環境負荷の高いケミカルリサイクルが、最も望ましくないわけです。それはともかく、K市で「上質な社会的物質循環」がどのような空間配置によって実現しているかを図示しているのがこの地図です（**図表Ⅱ-6参照**）。

それじゃ、K市が一望できる展望台に登ってみましょう。

（「ありがとう広場」をでた二人は、汗だくで展望台にたどり着く。2年後には、「ありがとう広場」側の「メルシー・モール」から「シェシェが岳ロープウェイ山頂駅」まで5分で結ばれる予定。だが、

注31　アサヒコム、2004年3月27日（http://www.asahi.com/housing/column/040327.html）。

図表Ⅱ-6　K市概観図

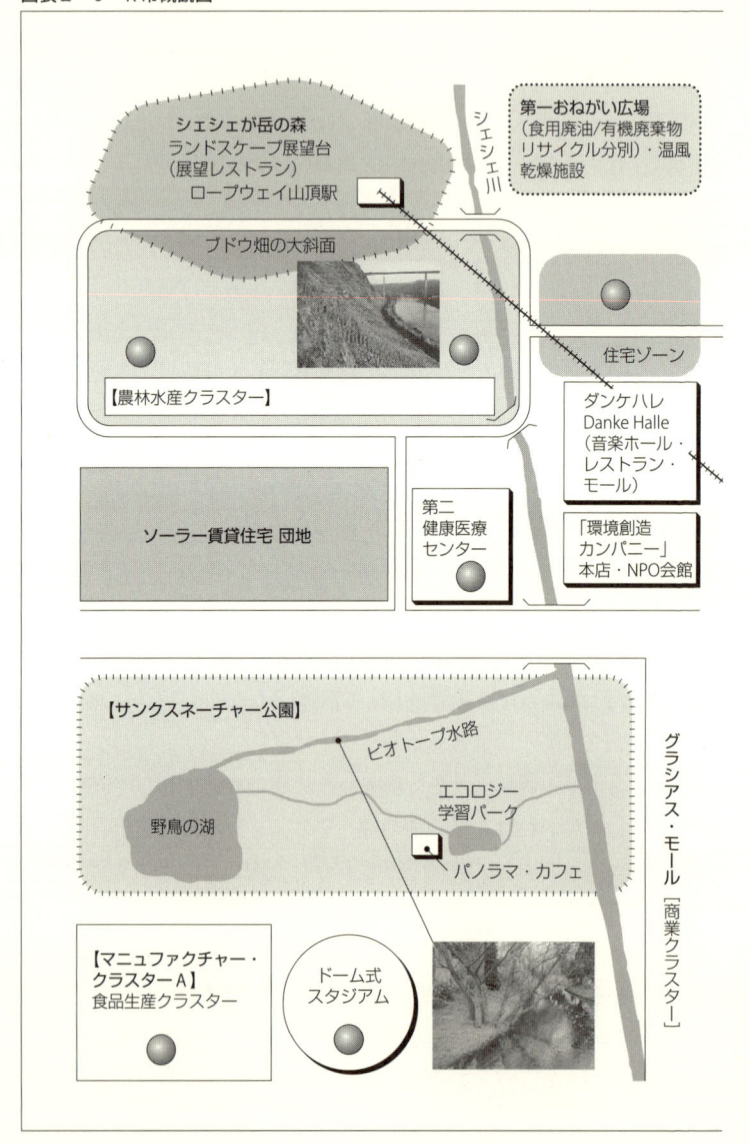

- シェシェが岳の森
  - ランドスケープ展望台
  - （展望レストラン）
  - ロープウェイ山頂駅

- シェシェ川

- 第一おねがい広場（食用廃油/有機廃棄物リサイクル分別）・温風乾燥施設

- ブドウ畑の大斜面

- 【農林水産クラスター】

- 住宅ゾーン

- ダンケハレ
  Danke Halle
  （音楽ホール・レストラン・モール）

- 「環境創造カンパニー」本店・NPO会館

- ソーラー賃貸住宅 団地

- 第二健康医療センター

- 【サンクスネーチャー公園】
  - ビオトープ水路
  - 野鳥の湖
  - エコロジー学習パーク
  - パノラマ・カフェ

- グラシアス・モール［商業クラスター］

- 【マニュファクチャー・クラスターA】
  食品生産クラスター

- ドーム式スタジアム

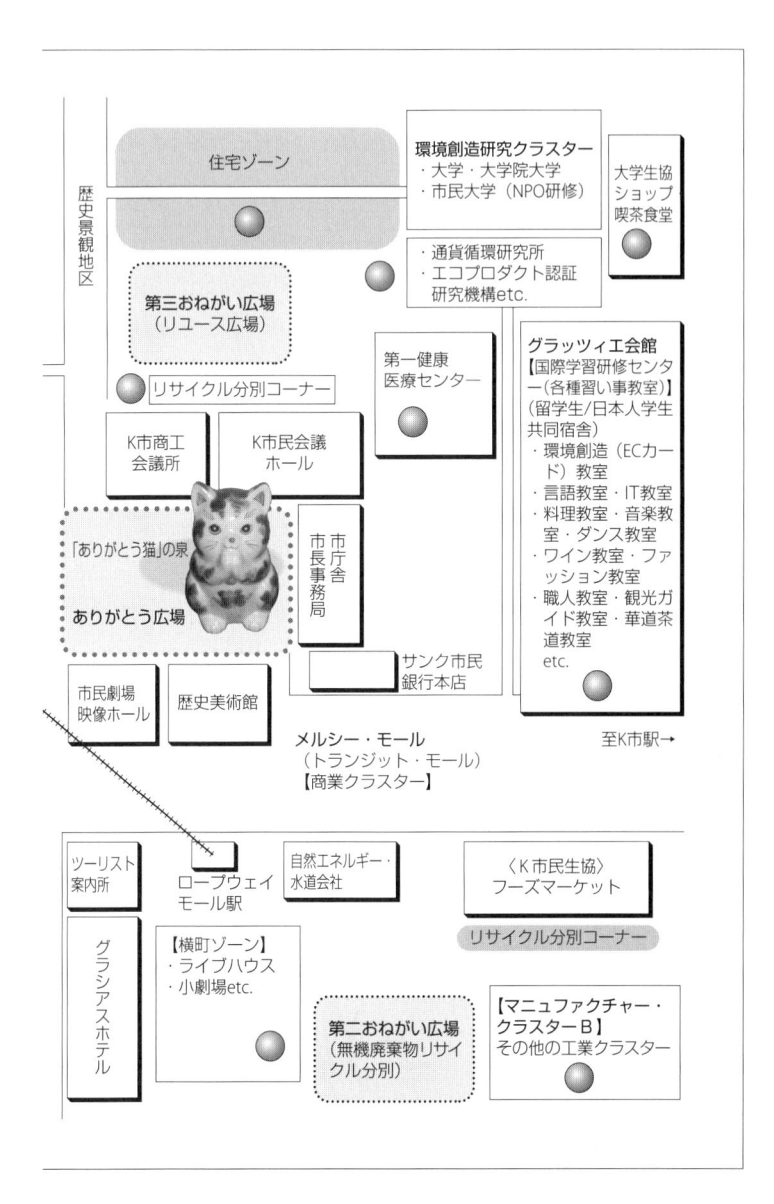

| 住宅ゾーン | 環境創造研究クラスター
・大学・大学院大学
・市民大学（NPO研修） | 大学生協
ショップ
喫茶食堂 |

・通貨循環研究所
・エコプロダクト認証
　研究機構 etc.

第三おねがい広場
（リユース広場）

第一健康
医療センター

グラッツィエ会館
【国際学習研修センター（各種習い事教室）】
（留学生/日本人学生共同宿舎）
・環境創造（ECカード）教室
・言語教室・IT教室
・料理教室・音楽教室・ダンス教室
・ワイン教室・ファッション教室
・職人教室・観光ガイド教室・華道茶道教室
etc.

リサイクル分別コーナー

| K市商工
会議所 | K市民会議
ホール |

「ありがとう猫」の泉

ありがとう広場

市庁舎
市長事務局

サンク市民
銀行本店

| 市民劇場
映像ホール | 歴史美術館 |

歴史景観地区

メルシー・モール
（トランジット・モール）
【商業クラスター】

至K市駅→

| ツーリスト
案内所 | 自然エネルギー・
水道会社 | 〈K市民生協〉
フーズマーケット |

ロープウェイ
モール駅

グラシアスホテル

【横町ゾーン】
・ライブハウス
・小劇場 etc.

リサイクル分別コーナー

第二おねがい広場
（無機廃棄物リサイクル分別）

【マニュファクチャー・
クラスターB】
その他の工業クラスター

II ● ケイ君、環境創造都市を語る　51

それまでは中高年には結構辛い50分だ）

5 シェシェが岳の森・展望台から「再生産革命」を望む

山本●確かに、K市の中心街の様子がよく分かるね。《ありがとう広場》、メルシー・モール、歴史的建造物地区、シェシェ川、森、田畑、自然公園、本当にすごいパノラマだ。「ありがとう広場」の南側はトランジットモールになっているんだね。このモールには最新のLRT以外の交通手段は入れないから、歩行者も安心して過ごしている様子がよく分かるね[注32]。それに、屋根の高さが中層でそろっているので、圧迫感がなくて、すごく街のまとまりがいいね。

古い日本では、電柱が立ち並び、電線が張り巡らされ、サラ金や予備校の看板が所狭しと林立しているのが普通だ。途上国のどこにもない見苦しさだ。さすがの国土交通省もびっくりしたのか、2004年に「景観法」（05年4月1日施行）なんて法律をつくったんだ。その第2条「基本理念」を見ると、「良好な景観は、美しく風格のある国土の形成と潤いのある豊かな生活環境の創造に不可欠なものであることにかんがみ、国民共通の資産として、現在及び将来の国民がその恵沢を享受できるよう、その整備及び保全が図られなければならない」とある。でも、「古い日本」にいる僕からすると、相変わらずの悪文ぶりはさておいても、白々しいの一語に尽きるね。

ところで、《ありがとう広場》を囲むように中規模の広場が三つあるね。よく見ると、どの広場も半分はソーラーパネルで、屋根全体が金色に輝いている感じだ。広場にソーラーパネルの屋根をつけたのはK市が初めてじゃないか。

注32　LRTはライトレール・トランジット（Light Rail Tranisit）の略で、欧州で復権著しい路面電車の最新鋭版である。低床構造でバリアフリーになっている。トランジット・モール（Tranisit Mall）とは、LRTなどの一部公共交通機関以外は乗り入れ禁止になっている「買い物遊歩道」である。2005年現在、我が国にはLRTによるトランジット・モールと呼べるものは、まだ存在しない。

ケイ君●いいところに気づいてくれました。Ｋ市は都市という姿を借りた、一つの「新世界」なんです。広場の黄金色は、太陽光エネルギーのありがたみばかりでなく、「ゴミは資源に変わり、人々は生気を取り戻す」ことを象徴しています。本来この世には「ゴミになるモノは一つもない」という考えからすれば、ゴミは宝です。「ゴミに宝になってください」という願いを込め、「おねがい広場」というわけです。

「おねがい広場」の役割を理解するには、18世紀末に始まる産業革命にさかのぼる必要があります。ご存じの通り、産業革命は、エネルギー効率と作業能率の一大変革です。それはまさに、生産性革命と言い換えてもいいでしょう。生産性革命ですから最小のコストで生産量だけは著しく増えるけど、消費の原理は18世紀以前とすこしも変わらなかった。18世紀後半〜19世紀初頭の産業革命になぞらえて言えば、Ｋ市で起こったのは、生産と消費の関係そのものを根本的に変えるという意味で、「再生産革命」なんです。

「再生産革命」という意味は、三つあります。一つは耐久消費財の使用期間を延長するための、中古品流通の活性化（リユース活性化）ですね。図中の「第三おねがい広場」はそのための施設です（**図表Ⅱ-6参照**）。

二つ目は、「廃棄物がそのままで他の製品の原材料になるゼロエミッション」（貫隆夫）です。例えば、グンター・パウリさんのゼロエミッションの生産システムでは、コーヒー栽培→コーヒー豆収穫→コーヒー樹木の廃物（バイオマス）→椎茸栽培→椎茸収穫後の苗床を豚牛用に飼料化→豚牛の排泄物からメタンガス収集……」という具合に、環境負荷を最小化できます。図の「環境創造・研究クラスター」が最優先で取り組んでいるテーマがゼロエミッションです（**図表Ⅱ-6参照**）。

三つ目は、廃物を原材料というレベルで再資源化する、狭義のリサイクルです。生産と消費の過程ででてくる様々な廃物のうち、危険な

「産業廃棄物」注33を除くすべての廃棄物が食品系と無機物系に二分されて、第一・第二のいずれかの「おねがい広場」に集められます。そこでの徹底した分別を経てすべての廃棄物は再資源化されるわけです。

「おねがい広場」のお陰で、リユース活性化、ゼロエミッション式生産の拡大、環境負荷の小さい狭義のリサイクルが徹底しました。その結果、K市は「古い日本」では当たり前だったゴミの焼却が激減し、ダイオキシン排出量はスウェーデン並みになりました注34。東京と比べると、空気も森林浴に来たみたいにきれいでしょう。

山本●そういえば、この山頂から見てびっくりしたのは、K市には超高層ビルや見苦しい看板広告がほとんどないことだ。そのかわり、空気と水は澄み切り、適度に湿った土も元気がいいよね。

ケイ君●そうなんです。哺乳動物の命の営みはすべて、植物の光合成から始まります。質量ともに必要十分な太陽光、水、土壌があって緑色植物が生まれ、人間も生きていかれるのですが、この簡単なことを忘れて自滅したのが「古い日本」ですよね。この教訓から徹底的に学んで出来たのが新生K市なんです。

注33　廃掃法（廃棄物の処理及び清掃に関する法律／1970年公布）によれば、産業廃棄物とは「事業活動に伴って生じた廃棄物のうち、燃え殻、汚泥、廃油、廃酸、廃アルカリ、廃プラスチック類その他政令で定める廃棄物」（同法、第2条第2項）である。

注34　世界の焼却炉のうち約7割が日本にあり、世界中で輩出されるダイオキシン類のうち、50％以上を日本一国が輩出している事実はあまり知られていない。2002年・世界経済フォーラム（通称ダボス会議）によれば、「環境保全力」（ESI/Environmental Sustainability Index）で見ると日本は、「環境立国・環境大国」などと豪語している割に極めて低い。対象142カ国中第62位で、トルコ、チュニジアと同レベルである。この点、ローマクラブ日本事務局を担い国際ダイオキシン会議会員でもある池田こみちは、次のように喝破する—— ESIで日本のランクが低いのは、この指標が「個々の環境保全技術の問題ではなく、総合的な環境保全のためのシステム、意思決定がどうなっているかが重視されている指標」だからだと。参考：株式会社環境総合研究所 http://www.eritokyo.jp/

地球環境戦略研究機関の竹内恒夫（元環境省）によると、各国の「環境への取り組みの方法」を比較すると、四つの進化の段階が認められるという。1「環境無視」→ 2「排出口対策」（エンド・オブ・パイプ／対症療法）→ 3「環境・経済の統合」→ 4「環境・経済・社会の統合」である（前掲竹内『環境構造改革』3頁）。3の「環境・経済の統合」とは、両者が両立することを意味する。他方、4の「環境・経済・社会の統合」とは三つの分野が並立してバランスすることではなく、「環境によって経済的・社会的問題を解決することである」（同上、5頁）。別言すれば、第4段階は「環境を軸にして経済と社会とが融合すること」であるから、第4段階は「環境と経済が並立」するにとどまる第3段階とは質的に全く違う*。つまり、時間がたてば第3段階から第4段階に自動的に進める、というものではない。ここが竹内の段階的進化論の要点である。

図表Ⅱ-7　フライブルクの中心街はトランジット・モールになっている

（2005年、山本撮影）

　K市の地図（**図表Ⅱ-6**）をもう一度よく見てくださいね。反時計回りを描くK市の産業連関が読みとれるはずです。「シェシェが岳の森」から始まり、「農林水産クラスター」「マニファクチャー・クラスターA」「マニファクチャー・クラスターB」ときて、最後に「環境創造研究クラスター」にたどり着く外周です。シェシェが岳の森から肥沃な土壌を供給され、シェシェ川から澄んだ水が供給され、太陽か

　ちなみに、第2段階を代表するのが、1970〜80年代の日本の公害防止技術（自動車の排ガス規制、重油脱硫、排煙脱硫、発電所への天然ガス導入など）である。ただし、アスベストのように、使用禁止以外には解決策のない危険物資には、日本式対症療法は全く無力だった。第3段階を代表するのは、資源循環分野における"3R"、再生産可能エネルギーによる二酸化炭素削減、ISO、環境ラベル、環境会計で、「持続的発展」をキーワードとしたリオ・サミット（1992年）のコンセプトに照応する（同上、10頁）。竹内によれば、日本は現在、第2段階と第3段階の中間に位置する（10〜12頁）が、本当は、第2段階も通過できていないのかもしれない。

　第4段階を代表するのは、ドイツ・デンマークなどで世紀の変わり目に登場した「エコロジー税制改革」である。一言で言えば、「年金等の社会保険事業主負担（……）を軽減して雇用をしやすくし、軽減相当分の炭素税を課して二酸化炭素の排出を削減しようとする」（同上、39頁）《持続可能な社会の総合政策》である。のちに見るように、「環境創造通貨」（ECカードシステム）とは、「環境・経済・社会の統合」が目標に掲げられている限りでは、世界の環境政策の最先端とコンセプトを共有している（本書第3章第5節「ECカードが開く環境創造の世界──先進国型市民社会の最先端」参照）。ただし、政治のイニシアチブで《持続可能な社会のための総合政策》が追求できるEU諸国と違い、縦割り行政の弊害が頂点まで達している日本では、「環境・経済・社会の統合」を民主導で追求せざるを得ない点が決定的に異なる。

　環境政策における対症療法（第2段階）の優等生、日本をその真の最先端（第4段階）にまで引き上げること。本書の真の課題はここにある。

　＊ここから逆に、少子高齢化・貧困・福祉・疎外などの「社会的問題によって経済的・環境的問題を解決する」という発想も十分可能である。

ら悠久の光がさんさんと届く。それらすべてが一体となって「環境保全型農林水産業」が成り立っています。

「環境保全型農林水産業」は「マニファクチャー・クラスター」に接続していますが、それは、「食品生産クラスターA」と「その他の工業クラスターB」から成り立っています。前者は、「農林水産クラスター」から供給された農産物などを完全加工食品や半製品などに精製、加工します。細菌を使った発酵製品（ビール、酒、味噌、醤油など）も作られています。

次の「その他の工業クラスター」は食品容器をはじめ、無機物を素材にしたあらゆる加工工業が含まれています。食品生産重視のK市の場合、ビン、缶などの食品容器や伝統の染料生産のほかに、プロ向けの高品質パソコンモニターなどのハイテク部門もあります。

最後は「環境創造研究クラスター」です。ここには、K市を代表するK大学・大学院を中心に、学術研究機関が集積しています。ここでは何が「生産」されているかと言えば、様々な「文化サービス」です。簡単に言えば、人間と自然との物質代謝、市場と財政を舞台とした経済循環、家庭や地域・職場での直接的人間関係を質量ともに充実させる条件、方法を提供するのが「環境創造研究クラスター」です。「研究クラスター」の成果は、「シェシェが岳の森」の管理・保全や各クラスターの生産活動、街づくりに活かされています。でも何といってもその最大の研究成果は、この一枚のカードなんですよ。ECカードっていうんです（**図表Ⅱ-8参照**）。

山本●別に何の変哲もなさそうなカードに見えるけどね。でも君の顔写真付なのだから、きっと何か面白い仕掛けがありそうだ。カードの話はまたあとで聞くことにして、「反時計回りの産業連関」の話を先に聴きたいね。

ケイ君●K市の産業連関を整理すると、「①水・光・土壌による光合成＝本源的生産としての農林業（環境保全型農林水産業）→②食

図表Ⅱ-8　ECカード

> **EC Card**
> Currency for Social-Human Environment
>
> Circulation of "Thank" creates the great human environment which values nature with people.
>
> Teru Hondoo
> 2558-6697-558741-365472
> 05 2007
> EC Card Company　　　　Thank!

品工業→ ③その他の工業→ ④科学技術研究・文化サービス業→ ……」ということになります。これは、アダム・スミス先生が資本投下の「事物自然の道」（the natural course of things）と呼んだ社会原則の21世紀版なのです[注35]。

　でもK市の産業連関は、スミス先生の単なる焼き直しじゃないんです。④の次に、⑤地産地消型の消費を象徴する「ありがとう広場」（さっき食事をした広場です）と、⑥回収・分別という初期生産過程を象徴する「おねがい広場」（廃物回収分別スペース）が続いているからです。つまり、K市の「産業連関」は、もはや「産業連関」の域を超えて、生産・消費・回収と分別（初期生産過程）をひっくるめた「再生産連関」なんです[注36]。地域社会、地域経済を再建するとは、地域の「再生産連関」をどのように創り出すかということなんです。

注35　「事物自然の道として、およそ発展しつつあるすべての社会の資本の大部分は、まず第一に農業に、ついで製造業に、そして一番最後に外国貿易に投下される。事物のこの順序は、まったく当然のことであるから、いやしくも領土をもつすべての社会においては、程度の差こそあれつねに見受けられてきたことだ、と私は信じている」。しかし「ヨーロッパのすべての近代国家においては、この自然の順序が多くの点でまったく逆転されてきている」（『国富論』中公文庫版第2分冊、10頁）。「製造業」を「国内消費用の製造業」、「外国貿易」を「外国貿易用の製造業」に置き換えれば、「事物自然の道」の「逆転」が極限的に進んだのが20世紀後半の日本であることが分かる。

注36　「初期生産過程」というタームは、筆者の知る限り、2003年10月の環境創造フォーラム大会で嵯峨生馬によって初めて使われた。

21世紀版の「事物自然の道」がどんなものかを知るには、K市特産のワイン「メルシーレッド」や「ダンケホワイト」が描く再生産連関を見るとよく分かります（**図表Ⅱ-7参照**）。

① シェシェが岳の森の南側大斜面と農林水産クラスターで、ワイン用の葡萄が栽培される。

② 食品生産クラスターのワイン醸造所（ワイナリー）で、各種ワインとブランデー、ワインを原料にした菓子、食品が生産される。さらに当地特産ワインと相性のいい魚類加工品、肉類加工品やチーズが生産されている。

③ その他の工業クラスターでは、ワインのビン・ラベルをはじめとする各種食品容器、陶製のワイングラスにオードブル皿などのほか、食品製造機械も生産される。

④ 環境創造研究クラスターでは、ワイン醸造技術、葡萄を育むK市一帯の自然生態系、比較醸造学、ワイン産業を中心としたK市の産業構造と労働力事情、ワインレストランの建築とリフォーム、ワインの健康学、世界のワイン事情、ワインの生産・消費からみた世界文化史などが研究されている。

⑤ 「メルシーレッド」「ダンケホワイト」片手に、《ありがとう広場》や森、公園のレストランで家族・友人と過ごすのは、K市民の日常的な楽しみの定番である。人気の肴は、シェシェ川名物のマス・アヤメに、高原竹の子チーズだ。

⑥ すべてのワインボトルは、「第二おねがい広場」に集められ、白・焦げ茶・濃緑・青の色ごとに分別される。一定以上の強度のあるものは、洗浄されそのまま再利用（リユース）されるが、劣化したものはガラス製品の原料（カレット）として、マテリアル・リサイクルされる。また、食用廃油と残飯・調理ゴミはシェシェが岳麓の第一おねがい広場に集められる。食用廃油は精製されミニバスの燃料となり、残飯などは有機肥料の原料となる。

6 | K市に独自なのはECカードだけ

山本●それにしても、K市の「社会的物質循環」は本当によくできているね。「古い日本」で「自然環境に徹底的に配慮した生活重視型の産業構造」を創ろうとしたら、相当厳しい失業率を覚悟をしなければならないのだろうが、K市の失業率はいまどのくらいなの。

ケイ君● 2％くらいでしょうか。

山本●「古い日本」では10％を超えているのに、たったの2％？

ケイ君●信じられないという顔をしてますね。でも、本当なんです。そこに、超高性能の双眼鏡がありますから、人で賑わっている《ありがとう広場》や隣の「メルシー・モール」のあたりをよーく見てください。お年寄りと同じくらい赤ん坊や子供が目につくでしょう（以下**図表Ⅱ-6**参照）。

山本●そういえば、老若男女、みんな、君みたいに明るい顔をしてる。

ケイ君●そうでしょう。でも、明るい顔をしてるのは、広場でくつろいでいる人や買い物客だけじゃないんです。

「サンクスネーチャー公園」を見てください。ビオトープ水路づくりに励んでいる男性が沢山みえるでしょう。あの人達はみんな60歳以上で、ついこのあいだまで企業、役所、大学で働いていた人達なんです。

「サンクスネーチャー公園」だけじゃありません。工事中の「メルシー・モール」や「ダンケハレ」でも、若手・中堅の専門技術者に交じって、造園・建設にはずぶの素人の60歳代がたくさん働いています。それから、「おねがい広場」も見てくださいよ。

山本●なにやら廃物を広場に運び込んでいる人や、一生懸命分別している人が沢山見えるよ。それにしても、みんな生き生きした表情で働いているね。廃物の持ち込みや分別がそんなに面白いとは思えないんだけどね。さっきのワインの再生産連鎖や失業率2％も不思議だけど、もっと分からないのは、世界中でテロ騒ぎが繰り返され、地

球環境が日増しに悪くなり、お年寄りばかり増えていく時代にだよ、K市だけは子供や若者の歓声が絶えないよね。市民も皆、すごく活き活きしている。一体、この街にはどんな「カラクリ」が隠されているんだろうかね。どうも、地図上の右端の辺りが怪しげだね。
（ケイ君、地図を見ながら、さかんにブツブツと独り言をいっている山本に少し同情する）

ケイ君●この街に、物理的な特別な仕掛けなんか何もありませんよ。もし、K市にしかないものと言えば、それは、さっきお見せした「ECカード」だけでしょう[注37]。これが「ECカード入門ガイド」です。いまから10年前に書かれたものですが、当時のK市の市長や一部の市会議員、K大学教員、商工会議所の会頭が偶然これを読んでいたおかげで、K市は「古い日本」と一緒に沈没しないで済んだのです。

山本●でも、「ECカード」と言ったところで、地域通貨の一種でしょう。いろいろな思惑から、一時は日本国内だけでも数え切れないほどの地域通貨が生まれた。住基カードを普及させたい政府、商店街活性化の即効薬と勘違いした市町村や地方経済界、コミュニティー再生の素晴らしい処方箋とのふれ込みから地域通貨にのめり込んだ市民団体など、本当に地域通貨フィーバーは凄かったね。でも、日本で地域通貨が本当にうまく「回っている」という話は聞いたことがないね。
　君はまさか、「ECカード」は魔法のカードとでも言うんじゃないだろうね。

ケイ君●当たり！　これまでの地域通貨の常識から言えば、「ECカード」には「魔法」に見えるかもしれない仕掛けがあるんです。この「魔法の仕掛け」のお陰で、K市の場合、地域通貨「サンク」——K市の地域通貨の名称です——が確実に「回っている」んです。

注37　貫隆夫は、「環境問題は人間が自然の循環プロセスを阻害したことに原因」があるとしたうえで、環境政策の基本的課題を「我々が自然の循環に込められた知恵に学んで人間の営みを循環的なものにしようとする」ことに見いだしている（貫隆夫他編著『環境問題と経営学』中央経済社、2003年、10頁参照）。こうした環境政策の課題を「自然環境に徹底的に配慮した生活重視型の産業構造」の創造にまで拡張できるツールが、ECカード（環境創造通貨）なのである。

実は、通貨が「回る」とは、通貨が最初の出所（出発点）に還る（還流する）ということです。最初にお金を出した人（A）が、最後にお金の受取手になればいいわけです。通貨を G（Geld）、その出所（人格）を〈A〉で表すと、「〈A〉G-……-G〈A〉」ですよね。

山本●「通貨が最初の出所に還る」というと、まともな銀行の融資はまさにそれだね。「A 銀行が B さんに貸したオカネが、一定期限後に利子とともに返済される」。昨今のように自己破産が増えてくると、話は別だけど、個人破産の話はひとまず横においておこう。

ケイ君●銀行の貸付―返済というのは「通貨が最初の出所に還る」循環運動の典型なんですが、返済するときに利子付になりますね。利子無しで貸し付ける銀行はありませんよね。そうすると、「銀行の貸付―返済」循環は、利子を想定していない地域通貨の場合とは条件が違うんです。

山本●利子なしで「通貨が最初の出所に還る」というのはどんな場合なのかな。

ケイ君●3 人以上の商人がお互いのニーズと取引金額が合致した場合は、一定額通貨が出発点に還流します。商業手形を使った取引が円環的につながる場合がそれです（**図表Ⅱ-9** 参照）。商業手形も通貨の一種ですからね。でも、ABC 三人のニーズが円環的につながり、しかも金額が同じ10万円というのは奇跡に近いですよね[注38]。

山本●そうだとすると、「EC カード」で地域通貨サンクが円滑に「回る」魔法の仕掛けというのも、怪しいもんだ。

ケイ君●何と失礼な物言い。私は、平気で嘘をつける人間族と違い、嘘なんかつきませんよ。「通貨の出発点への還流」は銀行のローンや商業手形の理想的な循環だけじゃありません。質量ともに、もっと重要な通貨の出発点への還流方法があるんです。

注38　商業手形が一巡して出発点に還ることですべての取引が完了する時代を「債権債務の完全相殺」という。

図表Ⅱ-9　商業手形が完全に相殺される場合

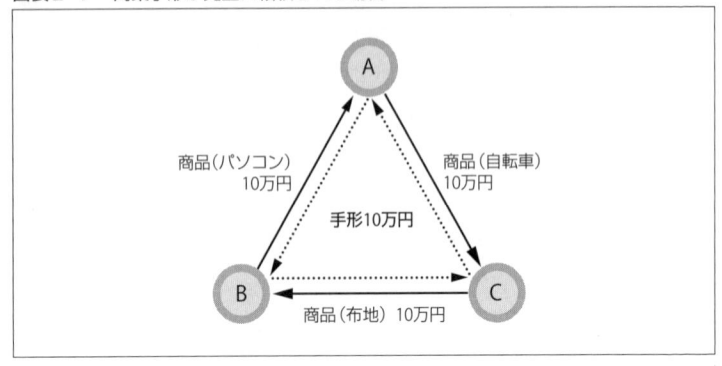

```
                        A
              商品(パソコン)    商品(自転車)
                10万円           10万円
                    手形10万円
              B ←──────────── C
                  商品(布地) 10万円
```

　さっき山本さんが「地図の右端の辺りが怪しい」って言っていたでしょう。あれですよ。地図の右端には、「マニファクチャー・クラスターB」を除くと、三つのブロックがありました。「フーズマーケット」「大学生協ショップ・食堂」「各種習い事教室」です。モノを売る（ストア）かサービス（習い事教室）を売るか、その両方を売る（生協食堂）かの違いはありますが、要するに「商業用の店舗」ですよね。幸い地図上の店舗はいずれも相当な規模です。生活必需品に限らず幅広く欲しいモノ、サービスを入手できます。その三つのゾーンで何が起こっているのかを見極めるために、「フーズマーケット」「大学生協ショップ・食堂」「各種習い事教室」をまとめて「ストア」と呼ぶことにします。「ストア」以外の商業店舗は、しばらく無視することにしましょう。

　何事も種明かしをすれば、簡単なことなんです。市民生活の多くのニーズを充足している「ストア」が、通貨の「還流点」であると同時に「最初の出発点」になればいいわけです。

　山本●そんな都合のいいオカネの出し方ってあるのかな。例えば、「ストア」が音楽CDの仕入れ代金としてレコード会社に支払った金が、「ストア」がレコード会社に音楽CDを売ることで戻ってきたな

んて、まずあり得ないよね。そんな取引は無意味としかいいようがない。これは音楽CDの仕入れに限らず、「ストア」が商品の仕入れに使ったお金はみんな同じ事情だよね。考えていると頭が痛くなってきたな。

ケイ君●そんなに難しく考えないで。最初に「ストア」によって支出されたお金が商品の販売を通して確実にもどってくるケースが、一つだけあるんです。それは、「ストア」の従業員（アルバイト）の賃金として使われたオカネです（**図表Ⅱ-10参照**）。賃金として使われるオカネが重要なのは、賃金を受け取る労働者は地元の人間であり、地元で生活する市民だからです。実際は日本では、賃金に関する法律によって「賃金は原則として法定通貨によって支払うべし」（労基法第24条）と決められていますから、多少の修正が必要になります。例えば、超短期の労働者には適応できませんが、中長期間働く労働者の場合なら、使用者と労働者が信頼関係を築き、合意の上でサンクが支払われると考えればいいでしょう。いずれにしても、労働者と消費財・サービスを扱う「ストア」が「通貨の出発点への還流」の鍵を握っている事実は何も変わりません。

山本●ようやく分かったよ。**図表Ⅱ-10**の「通貨」が労使の合意があれば「地域通貨」に置き換えてもいいわけだ。もちろん、市民や学生達がボランティアとして互いに色々なことを教授し合う「習い事教室」では、全額サンクで謝礼を出すわけだね。

ふつう地域通貨と言うと、地域通貨を受け入れる「ストア」（商店）だけが一方的に負担を引き受けるように思われがちだ。Ｋ市の「ECカード」の場合、「ストア」（A）は、自分が雇用した市民（B）という「絶対確実な地域通貨の受け取り手」を持つことで、リスクを負わずにすむわけだ。

正確に言えば、「ストア」（フーズマーケットや生協ストア）もそこで働く労働者・ボランティアも、お互いに「絶対確実な地域通貨の受

図表Ⅱ-10　消費財ショップと従業員との間での「通貨の出発点への還流」

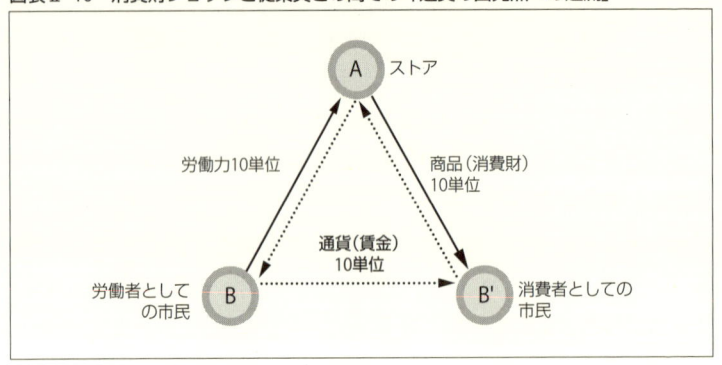

```
                    A  ストア
                   ╱ ╲
          労働力10単位   商品（消費財）
                 ╱     10単位
                ╱        ╲
               ╱  通貨（賃金）  ╲
              ╱    10単位      ╲
   労働者としての B ···········> B'  消費者としての
       の市民                        市民
```

け取り手」になることで、地域通貨をいかに「回す」かという最大の問題が解決できるんだね。地域通貨「サンク」を受け入れることで、生きがいのある働き場所が増えるだけじゃなくて、K市全体がすばらしい環境創造都市になれるんだね。

　ということは、地域通貨も「通貨」である以上は、国民通貨（円、ドル）との「違い」ばかりじゃダメで、「通貨の出発点への還流」という国民通貨との「同一性」もなければダメなんだ。

ケイ君●そうですね。これまで地域通貨といえば、もっぱら国民通貨との違いばかりが論じられていたようですね。違いにばかり気を取られるから、地域通貨も、段々複雑になることで人々の関心を失ってしまったケースもある。例えば、北米ミネアポリスの「コミュニティー・ヒーローカード」なんか、その典型ですね[注39]。

注39　米国・ミネアポリスの磁気カード型の地域通貨システム、「コミュニティー・ヒーローカード」は、坂本龍一ほか『エンデの警鐘——地域通貨の希望と銀行の未来』（NHK出版、2002年）、D.ボイル『マネーの正体』（集英社、2002年）などで、「通貨は情報」というコンセプトとともに非常に注目された。両著を読んでいた嵯峨、山本の両名もミネアポリスの試みに心惹かれ、2003年8月、ヒーローカード運営会社に調査のためミネアポリスにでかけた。日本では分からなかった事実に触れたという意味では興味深い旅であった。結論から言えば「書物の情報と現場とでは大違い」といった印象をぬぐえない。両名のミネアポリス調査訪問については、嵯峨生馬「Dr.山本の環境見聞録——ミネアポリスの地域通貨、コミュニティーヒーローカード」（『ソトコト』2003年10月、11月号所収）に詳しい。

では、国民通貨であれ地域通貨であれ、「通貨」の本質って何でしょうか。消費財生産やそれを作るための生産財生産に始まり、行政・司法や教育・医療などの社会サービスに至るまで、色々な社会的分業部門を結びつける（リンクする）ための道具なんです。しかも、結びつきは一回的ではなく、継続的でなければなりません。パソコンの世界になぞらえて言えば、様々なアプリケーションソフトやブラウザ、辞書ソフトを一つの「画面」上で適切に動かすためのOSソフト（基本ソフト／Operating System）ですね。様々な分業部門を安定的にリンクするために、継続的に「ぐるぐる回る」もの。それが通貨です。だから、通貨の本質は、社会形成ソフトつまり社会OSです。

通貨が出発点に安定して還流すれば、社会の「形」も安定してきます。あるいは、通貨が自然生態系や人間の雇用に「優しい」財貨・サービスの流れを誘導しながら「出発点に還流」すれば、それは上質な社会を形成できます。

7 │ 国民通貨と地域通貨の違いは何か

山本●そもそも、「円」というOSが社会の基本ソフトとしてきちんと働いていれば、別に地域通貨なんて面倒なものはいらないわけだ。実際、20世紀末までは「円」は、企業の営利活動や国家財政の必要に応じて日銀・銀行経由で供給されてきたが、それでなんとかかんとか、社会全体の通貨需要に対処してきたわけだ。

でも21世紀に入ると、日本の企業部門はデフレを恐れてカネを借りないし、政府・自治体は借りたカネを返せる見込みがさっぱりなくなってしまったから、これ以上無闇にカネを借りることはできなくなった。つまり、本当に必要な所にはカネが全く回らない経済になってしまった。そう考えると、国民通貨と地域通貨が一緒になって、「持続可能な循環型市民社会」形成に本当に必要なカネが循環できる、そ

のための仕組み作りが絶対に必要なんだね。

ケイ君●「国民通貨と地域通貨が一緒になって」動くというのは、地域通貨は市場経済とは別世界で動くのではなく、地域通貨の役割は国民通貨をより良き方向に誘導する、ということです。市場経済には国民通貨、ボランティア経済にはエコマネーという考え方も昔はありましたが、いまでは二つの経済を完全に分断して考える人はまず、いないでしょうね。つまり、国民通貨と地域通貨との違いは、流通分野の違いではないんです。

じゃ、国民通貨と地域通貨との違いはどこなのかといえば、「通貨の使える範囲」と「通貨発行の自由度」だけです。「円」は法定通貨ですから、国内ならすべての場面で貨幣として機能できますが、地域通貨はそれを受け取ると承認した人達の間でしか流通しません[注40]。だから地域通貨には参加者が数名のものから、スイスの WIR（ヴィア）の数十万人規模のものまで多種多様です。通貨の流通範囲が日本の一部でしかないという意味では、地域通貨は、どんなに規模が大きくなっても、誰もが受領する国民通貨にとって替わることはできません。

地域通貨は「通貨の流通範囲」に制限があるのとは逆に、通貨発行が利払いから自由なんです。この点で、地域通貨は「通貨の使える範囲」に制限がある分だけ、逆に「発行自由度」は高い、とも言えます。銀行から「円」を融資してもらえば必ず利子をつけて返済しなければなりません。つまり、通貨の供給が「円」の融資という形で行われる限り、借り手が「利子を上回る利潤（剰余）」を産み出させなければ、国民通貨は新たに供給できないんです。十分な労働意欲と能力のある人達がどれだけいても、利子に制約された通貨供給方式である限り、「コミュニティーに必要な労働・プロジェクト」に「円」が回ってこ

注40　ドル、ユーロと比べ大分見劣りするとはとはいえ、現在、円は国際通貨としても機能している。国民通貨の国際通貨化は、内外物価を均等させる圧力が働くことによって、「コミュニティーに必要な労働・プロジェクト」に「円」が回りにくくなる。

ない、ということが十分起こりうるのです。これが、社会システムとして20世紀の最大の限界でした。

<u>「コミュニティーに必要な労働・プロジェクト」のために、利子から自由な通貨をおおらかに供給する仕組み、それが「ECカード」上で動く、地域通貨「サンク」なんです。</u>

山本●コミュニティーに必要な労働・プロジェクトということであれば、「市場・企業」「ボランティア・NPO」「行政」という区別そのものも無意味になりそうだね。

ケイ君●より良き人間環境の創造に貢献するもの、そのすべてが地域通貨「サンク」と関係できるわけです。地域の労働、天然資源、回収資源を使ったエコプロダクツの生産と利用を推奨しているK市にとっては、使い捨てプロダクツとエコプロダクツとの競争に加えて、化石エネルギー浪費型産業と再生可能エネルギー節約型産業との競争が、非常に重要になってきました。

<u>「サンク」はエコプロダクツ、再生可能エネルギー節約型産業を支援するばかりでなく、「コミュニティーに必要な労働・プロジェクト」の強力な支援システムなんです。</u>

例えば、「ビオトープ水路」や「メルシー・モール」の工事に、素人の中高年や学生が参加しています（**図表Ⅱ-6参照**）。あるいは、「リサイクル分別コーナー」からおねがい広場への廃物の搬入労働も、普通の市民が行っています。円建ての財政が破綻しているK市にとっても、市民、特に高齢者・学生・主婦にとっても、「サンク」は大きな意味を持ちます。生きがいを求める高齢者、苦しいやり繰りを強いられている学生、子育てが一段落し社会復帰を願う主婦にとっても、単なる職業活動でもなければ単なるボランティア活動でもない、「コミュニティーに必要な労働」への対価なのです。

8 ECカード「サンク」の秘密

山本●それではＫ市では「サンク」はどういうところで使われているのかしら。「サンク」がＫ市で大量に循環するようになったきっかけは、どこだったの？

ケイ君●きっかけは、「国際学習研修センター」（各種習い事教室）です。センターは、留学生や遠隔地から来た学生用の宿舎として使われている、グラッツィエ会館のなかにあります。幸い、会館には世界中から「環境創造首都Ｋ市」の仕組みと経験を学ぼうという留学生や、「古い日本」を逃れＫ市に活路を求めた日本人学生が大勢集まりました。大学（院）の入学と入寮に際して、外国人も日本人も「一芸に秀でて優秀な学生である」ことが入学の条件でした。それをクリアした学生だけが適性試験を受験できる仕組みです。

そこである知恵者が面白いことを考えつきました。つまり、入寮者や大学関係者ばかりか広く市民も巻き込んで、「地域通貨『サンク』を使い、世界の仲間がお互いにそれぞれの一芸を教え合ったらどうか」、と。優秀な講師とうち解けながら、本物の文化や技能を学ぶことができるので、この企画は大成功しました。教室運営の基本原則は、例の、「通貨が最初の出所に還る」というコンセプトの徹底です。その仕組みを簡単に見ておきましょう。

① NPO法人国際学習研修センターが、日本人学生と一般市民を聴講対象として留学生を講師として雇い入れ、彼らの得意な外国語会話・料理教室を開く。
②「センター」が日本食の得意な女学生や一般市民を講師として「雇い」入れ、主として留学生や日本人男子学生を対象に「和食教室」を開く。
③ 同様な発想で、英語等の言語教室、パソコンIT教室、日本と

> 世界の料理教室、音楽教室、ダンス教室、ワインと世界の酒教室、ファッション教室、左官や大工の各種職人教室、観光ガイド教室、世界の街づくり教室、環境創造学教室などを開催する。

 ここではまさに、学生達、一般市民が自分の得意な一芸を教えることによって、地域通貨「サンク」は、出発点(国際学習研修センター)に還流しています。センターを舞台とした「サンク」の新しい動きを固唾を飲んで見守っていたのが、少子高齢化のあおりで経営の厳しかった「大学生協ストア」、それに「市民生協」でした。市場経済に属する二つの組織とも、国際学習研修センターの大成功を見届けるや否や、即座にECカードの導入を決め、自ら大々的にサンクを使い始めました。

 「センター」の場合、「講師謝礼」は100%サンクで行われています。これに対して「大学生協ストア」「フーズ・リカーマーケット」の場合は、アルバイトに対する「サンク」の割合は給与として支給される20〜30%くらいです。つまり支払いは「サンク」「円」の両建てで行われるわけです。

 そうこうするうちに、国際学習研修センターなど三機関の呼びかけで、サンクを発行・管理する「環境創造カンパニー」が全額市民の出資で正式に発足しました。外見は地域通貨発行会社ですが、実質はまちづくり会社です。

 まちづくり会社「環境創造カンパニー」が発足したことで、サンクの使い勝手は飛躍的に拡大しました。なぜなら、「センター」「生協食堂」「フーズマーケット」では、ボランティア・労働者に支払われた給与の一部はその出所である「ストア」に直接還ることができますが、こうした「直接還流方式」には限界があり、これをどう突破するかが問題になっていたからです。世の中には消費財の販売以外にも、生産

財、飲食、サービス、交通、教育など様々な事業所があります。

　直接還流しないケースの一つは、消費財を小売店などに卸売りしている生産者です。生産者が労働賃金の支払いに使った「サンク」は、小売店が仕入れ代金の支払いの一部に「サンク」を使うことによって、生産者に還流します。

　もう一つのケースは、「サンクによる給与支払」よりも「サンクによる売上高」が必ず大きくなる、サンク受取超過事業所の問題です。K市概観図（図表Ⅱ-6）の「市民劇場」「音楽ホール」「歴史美術館」「健康医療センター」「（スポーツ）スタジアム」「電力・ガス・水道会社」「ソーラー住宅ゾーン」「ロープウェイ」などです。

　「サンク」の受け入れ先として特にユニークなのは、地図の西端の「ソーラー賃貸住宅ゾーン」ですね。これはソーラー発電や中水の循環システムを備えた木造住宅団地です。テナント集めと社会貢献の一石二鳥を願うオーナーの協力で、家賃の10〜20%くらいが「サンク」で払えることになっています。市民の人気も上々です。

　それはともかく、これらのサンク受取超過型事業所はおおむね、大きな設備を必要とする「地域密着の巨大装置サービス産業」なんです。だから、「経費に占める人件費の比率」が比較的小さいのが特徴です。それとは裏腹に、サービス業は「地域通貨の受入にふさわしい」という条件を満たしています。そこで生じる問題が、「サンクによる給与支払＜サンクによる売上高」というアンバランスです。

　山本●無視できる程度のアンバランスなら問題ないだろうけど、ギャップが大きくなると事業の継続が難しくなるよね。K市ではどう解決してるの？

　ケイ君●そうですね。「地域密着の巨大装置サービス産業」の分野はもともと、行政が丸抱えで運営していることが多かった分野です。公営住宅、公営病院、公立学校、美術館・博物館、公営バスなどですね。サンクは人件費面で、公営事業体の経営改善に大きく貢献できま

図表Ⅱ-11　ライトアップされたグラーツ中央広場

出所：http://www.oe-journal.at/Wallpapers/Steiermark/Graz/herreng_1024.jpg

すが、サンクの受取超過という問題を抱え込むことになります。この問題が最終的に解決されるためには、「巨大装置」のメンテナンス会社による維持・管理に必要な各種サービスの支払いに地域通貨を使えば良いわけです。つまり、地産地消の徹底ですよね。でも実際問題として、地域内ですぐに適切なメンテナンス会社が得られるかどうか、分かりません。

　ところで、この問題は「ECカード入門ガイド」（2004年初版）に素晴らしい解決策が出ています。もう一度《ありがとう広場》にもどって夕食をとりながら、「ガイド」をざっと見てみましょう。ライトアップされた《ありがとう広場》は素晴らしいですよ（**図表Ⅱ-11参照**）。

Section III

「ECカード入門ガイド」(2004/05年)

Environment Creation Currency

1 | 国民通貨の機能転換

　アダム・スミス、マルクス、ケインズの昔から、貨幣の機能といえば「価値尺度、購買手段、価値保存（蓄蔵貨幣）」と相場は決まっている。価値尺度とは、商品の交換価値を価格として表示する機能である。購買手段とは、他の財貨を商品として入手するための普遍的な交換能力である。また、価値保存とは、富を貯えるための貨幣の働きである。最後の「富を貯える」貨幣の機能から、「富を増やす」という「資本としての貨幣」の機能が生まれる。「利子を生む貨幣」という境地こそは、「資本としての貨幣」の最終的な理想郷であった。マルクス、ケインズ、とりわけ「利子を生む貨幣」の根拠にまでたどり着いたマルクスの貨幣論は、いまなお、学説史において燦然と輝く高峰であり続けている。

　にもかかわらず、「持続不能な使い捨て型社会」から「持続可能な循環型市民社会」への人類史上最大の転換点にあって、貨幣の機能だけは19～20世紀と同じというわけにはゆかない。「地域コミュニティーに必要な労働・プロジェクト」というコンセプトが、普通の市民にも求められる時代がやってきたからである。一般庶民は市場のための労働、日々の生活の糧で忙殺され、「地域の救貧活動」に携わるのは、物心ともに余裕のある一部の「エリート」だけ──そんな時代は、

とっくに終わったのだ。

　21世紀のオカネの具体的な機能は、(1)人間の多様な労働能力を具体化する力、(2)モノを買う力、(3)主として生活基盤からなる「国富の蓄積手段」の三つでなければならない。つまり、(1)は「市民の労働能力を全面開花する力」、(2)は「エコプロダクツを買う力」、(3)は「アメニティ・インフラを整備する力」である。「21世紀通貨の三大機能」は、人間と自然の本来の潜在力を解放する、環境創造の手段である。

　有史以来数千年にわたり、燦然と輝く「利子を生む貨幣」は、いがみ合い、恨み合い、嫉妬し合い、憎しみ合う人類のシンボルであった。だからこそ、人は命がけでカネを追い求めてきた。今後も人類の歴史が続く限り、利潤をめぐる諸資本の競争は続く[注41]。それゆえ、「利子を生む貨幣」の機能も、決して消え去ることはないだろう。だが、「21世紀通貨の三大機能」が優勢になればなるほど、「利子を生む貨幣」は徐々に貨幣の首座の位置を去っていく。地域通貨サンクとともに「ありがとう」の輪が広がることで、国民通貨も、利殖の手段から環境創造の手段へと、大きく役割を変えていくのである。この意味で、ECカード上で流通する地域通貨「サンク」は、国民通貨の機能転換を押し進める、強力な助産婦である。

2 ECカードシステムの目的と特徴

　一般的に言えば、地域通貨とは「地域コミュニティーに必要な労働・プロジェクト」の実現に向けて設計された、地域コミュニティー内部で流通する通貨である。一説によると、その数は、全世界で5,000、

注41　国家の専売特許と思われてきた戦争すらも、「戦争の部分民営化」「戦争請負会社」が横行している。その範囲は、情報収集から傭兵訓練、武器調達にまで広がっている。情報収集から傭兵訓練、武器調達に至るまで2003年3月のイラク攻撃以来泥沼化したイラク戦争で、やたら米系民間人の捕虜が多いのは、そのためだと言われる。「官の独占」が解体するなか、こうした悪しきエピソードも今後、あとを断たないだろう。

日本国内だけでも800と言われる。地域通貨の形状（紙券かノートか電子マネーか）、発行主体の多様性にもかかわらず、あらゆる地域通貨には、それを地域通貨たらしめる、ある共通性がある。コミュニティーに必要な労働・プロジェクトの実現手段という「目的」である。ECカードというICカード上で流通する「サンク」も、この点では在来の地域通貨と同じである。ちなみに、ECカードとは、環境創造カード（Environment Creation Card）の略称、ECCSとはECカードシステム（EC Card System）の略称である。

「サンク」の独自性は、コミュニティーを単なる空間、場所としてではなく、「市民が共同生活を行うための四次元空間」という積極的な意味で捉えていることだ。環境創造通貨「サンク」が前提としている四次元空間とは、「サンクを最初に給付した人の手に、サンクが戻ってくるまでの循環時間」が経過する空間である（以下**図表Ⅲ-1**参照）。

環境創造通貨「サンク」を循環させる目的は四つある。
(1) 人を活かす：〈人間関係としての環境〉の改善に寄与する
(2) 自然を活かす：〈モノ的な意味での環境〉（物質的自然環境）の改善に寄与する
(3) 自治体を活かす：市町村自治体の財政再建に貢献する
(4) 都市社会を活かす：持続的発展が可能なコミュニティーを築く

これらの目的を実現するために、サンクはECカード上で次の六つのセクター（一部または全部）を循環できるように設計されている。
　A. 働く市民
　B. コミュニティー・ボランティアセクター（CVS）
　C. 市場セクター
　D. 市町村自治体（または民間寄付団体）

図表Ⅲ-1　環境創造通貨「サンク」循環の世界

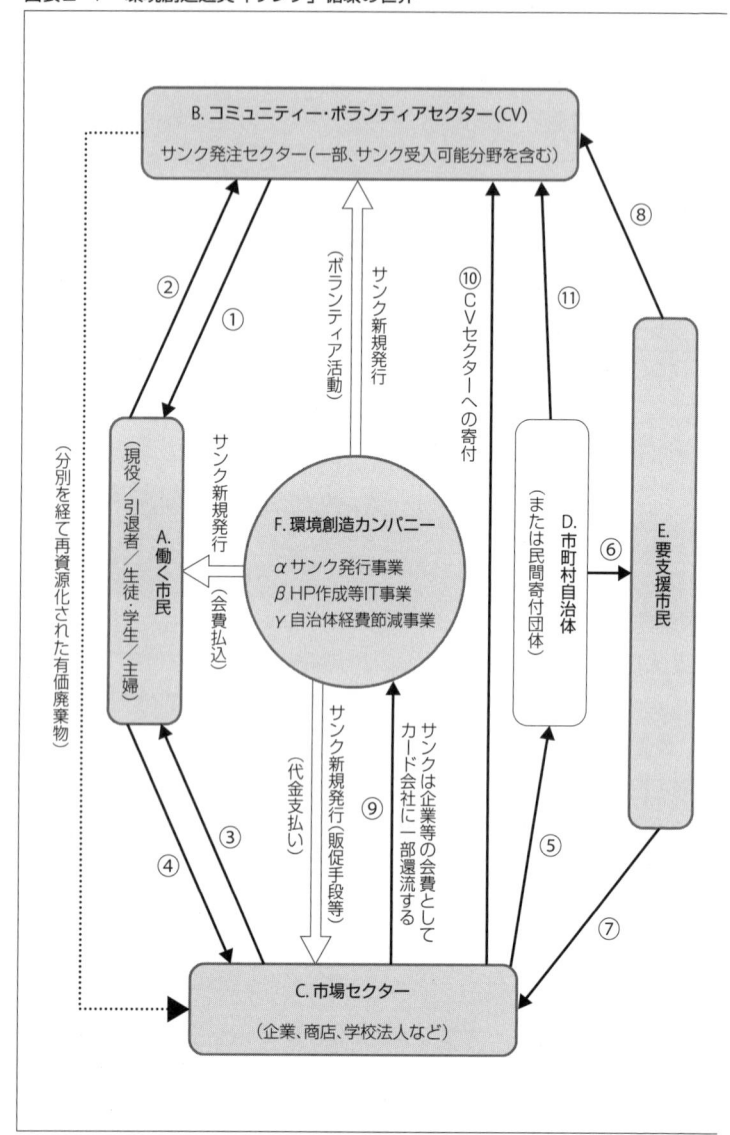

B. コミュニティー・ボランティアセクター（CV）

サンク発注セクター（一部、サンク受入可能分野を含む）

A. 働く市民
（現役／引退者／生徒／学生／主婦）

F. 環境創造カンパニー
α サンク発行事業
β HP作成等IT事業
γ 自治体経費節減事業

C. 市場セクター
（企業、商店、学校法人など）

D. 市町村自治体
（または民間寄付団体）

E. 要支援市民

①②（ボランティア活動）
サンク新規発行
サンク新規発行
（会費払込）
③④（代金支払い）
サンク新規発行（販促手段等）
⑤⑥⑦
⑧
⑨ サンクは企業等の会費としてカード会社に一部還流する
⑩ CVセクターへの寄付
⑪
（分別を経て再資源化された有価廃棄物）

〈A. 自立型還流〉：A「働く市民」が循環の中心
・A1「自立的還流」直接型：αタイプ B→①→A→②→B　βタイプ C→③→A→④→C
・A1「自立的還流」間接型：αタイプ B→①→A→④→C ③→A→②→B
　　　　　　　　　　　　　βタイプ C→③→A→②→B →①→A→④→C
〈B. 寄り道型〉：D or E 等の「媒介項」によって循環が可能になる
・B1「市民参加型公共事業型」：C→③→A→④→C→⑤→D→⑪→B→①→A→④→C
・B2「生活支援型」：C→③→A→④→C→⑤→D→⑥→E→⑦（または⑧）→C（または B）
※→は「サンク」の流れ
注：B セクター中、下線部を施した箇所は、市民がサンクを使ってサービスを受けることができる。

B. コミュニティー・ボランティアセクター
〈市民の能力創造〉
<u>「学習研修センター」（各種教室）</u>
〈資源創造〉
(1)<u>有価廃棄物回収・分別→資源化</u>
(2)<u>生ゴミリサイクル</u>
(3)<u>総合リユースセンター</u>
(4)<u>フリーマーケット（のみの市）運営</u>
(6)都市農業生産（クラインガルテン）
〈コミュニティー創造〉
(5)<u>住宅・ビル補修（軽作業）</u>
(6)道路緑化・都市河川の自然環境の復元／ビオトープ化
(7)コミュニティー・アート制作支援
(8)<u>コミュニティー・アートイベント（コンサート／演劇／絵画他）支援</u>
(9)<u>地域を知るためのローカル・ツアー</u>
(10)地産地消・食のフェスト（地元大学・姉妹都市など他地域連繋）
〈行政業務の代替〉
(14)福祉施設の役務、公園・道路清掃、家庭用リサイクル資源の回収、育児・高齢者・身障者サポート

C. 市場セクター（国民通貨／職業セクター）
❶〈物販・飲食〉
(1)エコプロダクツを中心とした物販（全国特産品を含む）
(2)飲食などサービス
(3)エコフード使用飲食店
(4)リサイクルショップ
❷〈サービス〉
(7)高齢者・デジタルデバイドのための IT 技術サポート
(8)協力路線バス会社
(9)レンタ・サイクルビジネス
(10)旅行会社（エコツアーほか）
(11)大都市でニーズの高い認証保育所
❸〈住宅関連〉
(5)エコ賃貸住宅（ブロードバンド通信／ソーラー発電／集合コンポスト／中水循環システム装備）
(6)エコ住宅・エコマンション建設
❹〈協力大学〉
(12)「環境創造学」講座整備（コミュニティー・ボランティア人材育成を含む）
(13)生涯教育部門（extension）
(14)大学入学金（サンク貯蓄者を優遇）
❺〈行政〉
(15)各種手数料・施設使用料・有料刊行物代
(16)公務員及び議会人件費

E. 要支援市民
F. 環境創造カンパニー（まちづくり会社）

以下簡単に、各セクターの役割と位置づけを紹介しておこう。

A. 働く市民とE. 要支援市民

ここで言う「働く」とは、一般企業・自営や行政機関などの職業労働ばかりではなく、ボランティア労働も含んでいる。したがって、ここでは市民は、「働く市民」と社会的に何らかの支援を受けなければならない「要支援市民」とに二区分されている。この区分が意味することは、「労働」を狭い職業労働の枠に押し込めてきた旧社会（何でも使い捨て社会）と、「コミュニティーに必要な労働」も「社会が必要とする総労働」の一部として承認する新社会（循環型市民社会）との違いである。

職業の有無や定年のいかんにかかわらず、働ける市民はすべて、ECカードシステムの会員になることで、コミュニティー・ボランティアセクター（CVS）で社会貢献労働に参加することができる。

B. コミュニティー・ボランティアセクター（CVS）

ボランティアが「自発性」「無償性」を指標とする限り、ボランティアに長期間継続的に取り組むことができる人は、ほとんどいないだろう。しかし、今日、「コミュニティーに必要な労働」は多岐にわたっている。ECカードの目的に照らして「コミュニティーに必要な労働」を課題別に挙げれば、おおむね次の4項目に整理できよう。(1)「市民の能力創造」、(2)「資源創造」、(3)「コミュニティー創造」、(4)「行政サービスの代替」。

(1)「市民の能力創造」とは、ECカードの会員が技能、知識を相互に伝授し合うことで、諸個人が持つ多様な能力を開花する仕事である。

具体的には、外国語、パソコン技能、児童向け学習、料理、音楽、短歌・俳句の創作、ハンドクラフト、スポーツ、ダンス、アロマテラピー、健康体操、介護技術、簡単な大工・左官・水道修理などを挙げることができる。やや毛色は違うが、「ECカードシステム」の仕組みと意義を学ぶことも、相互研修の対象に数えて良いだろう。

コミュニティー・ボランティアの参加者は「学習研修センター」で相互に教育を受け合うようにすれば、ボランティアに対する信頼を深めることができるだろう[注42]。

なお、児童向けスポーツ・学習指導、一般向けの健康指導、高齢者・身障者向けの簡単な介護技術などが、地域ごとの「学習研修センター」で容易に収得の機会が得られれば、「市民の能力創造」は、同時に「地域の福祉創造」という側面を併せ持つことになる。

(2)「資源創造」とは、フリーマーケット等のリユース事業、有価廃棄物の回収・分別・保管等、資源の最適利用に関する仕事である。

(3)「コミュニティー創造」には、ハード面とソフト面とがある。ハードに関する仕事としては、①戸建て住宅、集合住宅の簡単な補修作業(例えば、壁面の簡単な補修や生け垣の植え替えなど)、②道路・屋上の緑化、河川敷の整備などがある。これらの活動が従来公共事業として行われていたとすれば、その場合は、次に述べる「行政サービスの代替」とともに、行政支出を節約することができる。

ソフトに関する仕事としては、①学校や商店を舞台としたコミュニティー・アートの制作、②コンサートや展覧会などアートイベントの企画・運営、③地域を知るためのローカルツアー・ガイド、④地元の個性を全面に出した「地産地消・食のフェスト」の開催などが考えられよう。

(4)「行政サービスの代替」

注42 「学習研修センター」の学習メニューとしてはそのほかに、ダンス教室、ワイン教室、日本酒・焼酎教室、ファッション教室、観光ガイド教室、華道茶道教室などが考えられる。

行政事業として実施されている様々な行政サービスのうち、特別な技能や知識を必要としない業務は、ECカードシステム上のコミュニティー・ボランティアセクター（CVS）によって代替可能である。具体的には、特養等の福祉施設、公園・学校その他行政施設の清掃・管理業務などが考えられる。また、自治体の予算制約から警察官の手薄な地域では「地域パトロール」などの仕事も、CVSによって代替可能であろう。また、(2)「資源創造」の分野でも、清掃・リサイクル事業などのかなりの部分も、CVSで代替できる。さらに、育児・高齢者・身障者サポートも、CVSに属する市民が連帯感をもって行えば、行政が業務として行う場合よりも、充実したものになるだろう。

　ECカードと連係したCVSによる「行政サービスの代替」は、行政の財政負担を大きく軽減する。例えば、東京都板橋区の場合、平成16年度予算のうち、実に49.9％が「福祉費」（約7,654億円）、11.9％が「資源環境費」「衛生費」で、両者の合計は61.8％（約944億円）に達している。ECカードシステムのCVSは、自治体財政の再建に貢献することで、持続可能な都市をつくる最強のツールになりうる。

C. 市場セクター

　ここで言う「市場セクター」とは、財・サービスの見返りに国民通貨が対価として支払われる分野を指している。したがって、民間の商品売買のほかに、「大学」「行政」もここに入っているのはそのためである。この意味で、本書で言う市場セクターとは、厳密には「国民通貨セクター」と言うべきであろうが、ここでは便宜上「市場セクター」と称することにする。「市場セクター」は、経済のフロー面を表現する(1)〈物販・飲食〉及び(2)〈サービス〉、ストック面と結びつく(3)〈住宅関連〉、そして、従来市場経済の「外部」と見なされてきた(4)〈大学〉及び(5)〈行政〉の5分野から構成されている。これら<u>市場経済の全分野を貫くべき社会原則</u>は、自然生態系に根ざす経済活

動をサポートし、逆に自然生態系に敵対的な経済活動を抑制することである。

D. 市町村自治体

ここで言う「市町村自治体」とは、行政機関の集合体である「役所」だけではなく、本来は自治の主体たるべき市町村議会も含んでいる。また、ECカードシステムが即座に自治体の理解を得られない場合は、「民間寄付団体」が一定程度、「市町村自治体」の役割を担うことが期待されている。

F. 環境創造カンパニー

環境創造カンパニーの仕事は、直接的には、A～Eの各セクターのあいだ、とりわけ、B（CVS）とC（市場セクター）とを「サンク」によってリンクすることである。環境創造カンパニーは、こうしたリンク機能を通して等身大の人間関係を、つまりコミュニティーを形成していくという限りでは、この会社は、住民のためのまちづくり会社である。したがって、住民が出資者としてまちづくりに積極的に関心を払えるという意味で、環境創造カンパニーの会社形態は、株式会社が望ましい。

3 持続可能社会の編成原理——「通貨の出発点への還流」

人間は自然界に働きかけることで、手つかずの自然界には存在しない、独特の文明世界を創り出す社会的動物だ。砂漠化、温暖化、海洋汚染など地球規模の環境破壊は、経済のグローバル化（人類が地球全体を自己の生活世界に変えたこと）の必然的な結果であった。文明を創り出すのも人間の社会的パワーなら、地球環境を破壊するのも人間の社会的パワーだ。

諸個人を社会的パワーとして束ねる力は、オカネである。そのオカネが常に最初の出し手に戻ってくるとき、オカネを通した諸個人の関係が持続的に再生産されたことになる。このことを通貨の循環、または、「通貨の出発点への還流」という。

良質な環境の創造や悪質な自然破壊など、商品・サービスなどの物質的再生産のあり方を決めているのは通貨の循環である。通貨の循環を通して、様々な人間関係が再生産される。「通貨の出発点への還流」によって、市場経済のみならず、ボランティア活動もまた「持続可能なもの」になる。

「通貨の出発点への還流」は、その還流経路に従って二大別、四区分することができる。A「自立型還流」は国民通貨、地域通貨に共通する還流タイプ、B「寄り道型」は地域通貨にのみ当てはまる還流タイプである。賃金の支払手段として法定通貨以外のものを使用するには、労基法による一定の制限があるが、以下では簡単化のため、地域通貨による賃金支払も可能だとしよう。

A 自立型還流

自立型還流とは、「労働の対価たる賃金に支出された通貨が、事業者の販売活動によって帰ってくる」通貨の循環である。

B 寄り道型還流

媒介型還流とは、賞与として支出された通貨が、自治体の財政などを経由して事業者に還流するタイプの循環である。

以上、「通貨の出発点への還流」タイプを一瞥して明らかなように、地域通貨に最もふさわしい使用場面は、ボランティアへの報酬、あるいは企業・商店等の一般事業所での賃金（の一部）への支払いである。すなわち、社会の本源的な生産力である「労働力」の対価である。労働力所有者である労働者は、消費財・サービスの購入を通して、常に通貨をその出発点に還流させる条件を備えているのである。

もちろん、サンクを受領するか否かは、勤労市民の自由だ[注43]。例えば、あるスーパーの１時間当りの賃金が800円だとすれば、そのまま国民通貨で800円を受け取るか、一部に地域通貨を含めて受け取るかは、勤労市民の自由だ。これは通貨間の競争が邦貨・外貨間ばかりでなく、邦貨・地域通貨間でも始まることを意味する。人間が生きるにふさわしい環境創造に貢献する通貨か、人間環境の破壊に与する通貨かが、厳しく問われることになる。

　以下、「『サンク』循環の世界」に即して、A、Bそれぞれのタイプについていま少し詳しく見ておこう（**図表Ⅲ-１**）。

A　自立型還流

　自立的循環は、循環経路の違いにより、Ａ１直接型（自立的還流直接型）、Ａ２間接型（自立的還流間接型）の二タイプに区別できる（**図表Ⅲ-２、Ⅲ-３参照**）。

図表Ⅲ-２

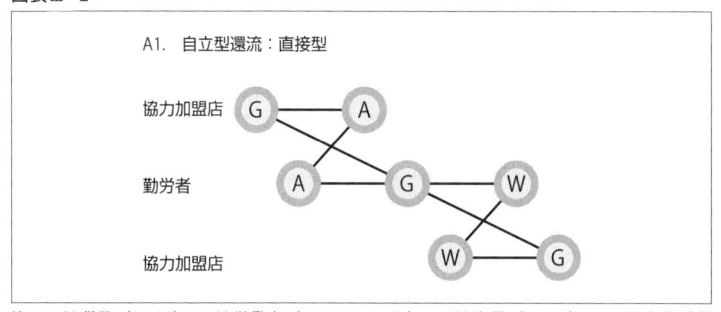

注：Ｇは貨幣（Geld）、Ａは労働力（Arbeitskraft）、Ｗは商品（Ware）、Pmは生産手段（Productionsmittel）、G'/W'はそれぞれ当初の等価元本に利潤の加わった貨幣/商品を意味する。

注43　労基法第24条は、「通貨以外のものでの支払い」が認められるケースとして（1）法令による定めのある場合、（2）労働協約による定めがある場合を挙げている。賞与が賃金に当たるかどうかは、労働協約や就業規則で規定された賞与か、業績その他の理由で経営者の自主的な判断で支給される賞与かで区別される。前者は賃金の一部であるが、後者は「その他の人件費」になる。なお、交通費は「業務の遂行に要する費用」、住宅手当は「福利厚生費」であって、何れも「労働の対価」、即ち賃金とは見なされない。

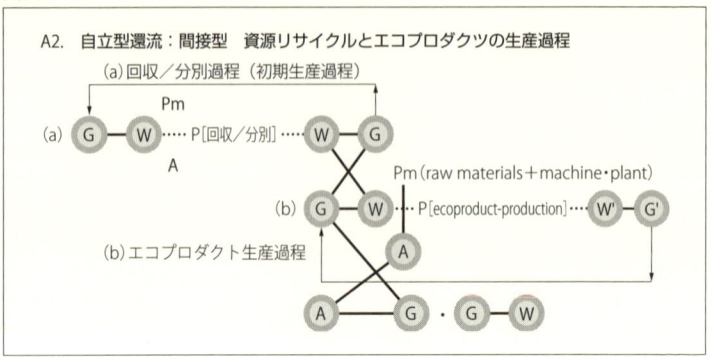

図表Ⅲ-3

A2. 自立型還流：間接型　資源リサイクルとエコプロダクツの生産過程

(a) 回収／分別過程（初期生産過程）

(a) G–W ……P[回収/分別]…… W–G
　　　　　Pm
　　　　　A

(b) G–W …… P[ecoproduct-production] …… W'–G'
　　　　　　　Pm (raw materials + machine・plant)
　　　　　A

(b) エコプロダクト生産過程

A–G・G–W

注：(a) で使われる通貨は100％サンクとする。(b) の賃金支払では、サンクの使用比率は任意の一部（例えば、20％）とし、その他は円で支払われるものとする。

協力加盟店（地域通貨ネットワーク）がスーパー等の小売業者や、語学・パソコン等多彩な「市民学習教室」の場合は、協力加盟店が労働者に支払った賃金は、労働者が消費財や教育サービスの買い手となることで、協力加盟店に直接還流する。ここでは、地域の市民が「勤労者」と「消費者」という二つの役割を演ずることで、地域にとって最も重要な資源である労働資源が、域内で循環する。この意味で、A.1「自立的還流直接型」は、地域通貨の理想型と言ってよい。

図Ⅲ-3の中央から右側は、事業者の活動を表す産業資本の循環図式（G-W …… P …… W'-G'）と同じだ。ここでは、労働者への賃金として支出された通貨（地域通貨）はすべて、最終的には小売業による消費財の販売を通して「間接的に」出発点の生産者に戻ってくる。

だが、その左側に、消費者が回収・分別作業を通して廃棄物を再資源化する「再生資源の初期生産過程」が付け加えられていることで、この図式は、単なる貨幣価値の循環のみならず、「物的資源の循環」をも意味している。

この循環図式では、(a) 廃棄物の再資源化と、(b) それを用いたエコプロダクツの生産が同時に進むことで、「環境問題と経済問題」

との対立的な関係が解決されている。さらに、労働する市民は、本来の生産過程で「労働に対する対価」を獲得しているばかりか、「再生資源の初期生産過程」で回収資源の回収・分別に携わることで、プラスαの所得もサンクという形で獲得している。

地域通貨「サンク」による追加所得は、追加の社会的規模の雇用を産み出すと同時に、エコプロダクツの生産・消費促進を通して地球環境の保全にも寄与する。のちに見るように、ECカードには、実に多彩な可能性が織り込まれているが、その発想の源は、廃棄物の再資源化、エコプロダクツの普及、それに伴う雇用の拡大を通して、良質な人間環境を創造することにある。

B 寄り道型還流

この型も、B1「市民主導型公共事業型」とB2「生活支援型」の二タイプに分かれる。

世の中には、「地域通貨による賃金支払 < 地域通貨による売上高」という不等関係が著しく多くなりうる事業所が少なくない。すなわち、施設設備コストが大きく人件費比率の低い事業所である。II章のK市の場合であれば、「市民劇場」「音楽ホール」「歴史美術館」「健康医療センター」「(スポーツ)スタジアム」「電力・ガス・水道会社」「ソーラー賃貸住宅」「ロープウェイ」などがそれにあたる。これらの事業所では、賃金の支払に投じた地域通貨よりも、より多くの地域通貨の受け取りが求められれば、地域通貨の特定事業所への滞留が起こりえる。その限りでは、生協ストアなども、事情は同じである。

寄り道型還流は、まず最初に「サンクの滞留した店舗(施設)」と市役所とが、サンクと円貨とを交換することから始まる。次いで市役所は、従来の円貨の使用に替え、上述の交換で入手したサンクを用いて「市民主導型の公共事業」や「要支援市民への手当」に支出する。他方、サンク滞留店舗は、円貨を受け取ることで、円貨での経営収支

図表Ⅲ-4

```
B1. 市民主導公共事業型
サンクの流れ▶ 協力加盟店等 → 市役所 → 市民主導公共事業 → ボランティア市民 → 加盟小売店等*
              （サンクと円の交換）
円の流れ▶ 協力加盟店等 ← 市役所

B2. 生活支援型
サンクの流れ▶ 協力加盟店等 → 市役所 → 福祉助成 → 後期高齢者/身障者 → 加盟小売店等*
              （サンクと円の交換）
円の流れ▶ 協力加盟店等 ← 市役所
```

＊エコプロダクツ取扱店

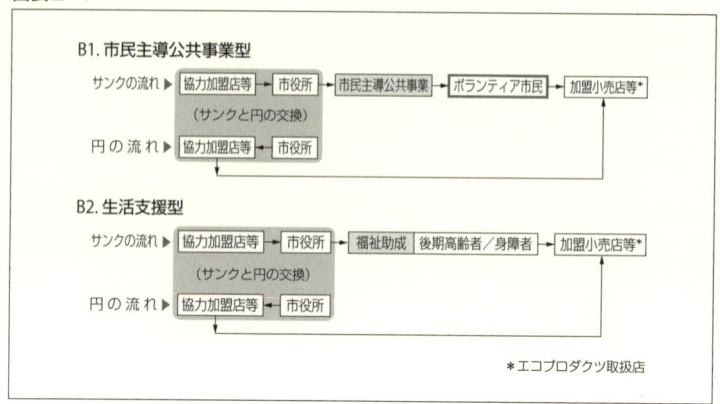

を改善できる。その結果として、次の二つの効果が期待できる。

① 市民が公共事業の現場を担うことで、市民のニーズに根ざしたインフラの建設が可能になる（図表Ⅲ-4 B1.参照）。

② 福祉助成金として地域通貨を活用することで、従来バラバラであった《福祉向上──エコプロダクツの普及──リサイクル促進》という三つの目的が、「社会福祉」を起点として積極的に結びつくことができる（図表Ⅲ-4 B2.参照）。ここでは、「福祉・経済・環境」が福祉を起点としてみごとに統合されている。

「市民主導の公共事業」はすでに、いくつかの先進的自治体で始まっている。長野県の最北端に位置する栄村の「田直し」「道直し」は、「より少ない金額でより確かな幸せをもたらす」改革の成功例としてよく知られている。田中康夫・長野県知事は、栄村の試みについて次のように語っている。やや引用が長くなるがお許しいただきたい。

> 「栄村がもし国土交通省の規格に沿って村道を設けると、1平方メートル当たりがだいたい5万円から13万円ぐらいになります。それに対して栄村の村道は1平方メートルあたり7000円から1万2、3千円で造られ

> ています。これはどのようにして造られるかというと、栄村は冬に45人の臨時職員［村民］を雇います。夏場は農業や林業をやっている人たちですが、冬は非常にたくさん雪が降るので午前三時半から、その45人が除雪を始めて、午前七時にはすべての村道の除雪が終わっています。栄村の住人は非常に高齢ですので自ら雪かきをするのはままならない。下駄履きヘルパーという福祉のシステムもありますが、除雪を行うことによって隣の家にも話をしに行くことができるわけです。この除雪をする車の重量が3トンあります。あとは道路を通るのは宅配の2トン車ぐらいです。よってこの3トンの重さに耐えられるような村道であればいい、またその地域を通るので、歩道はほぼいらない。宅配の車以外は郵便局のバイクぐらいである。こうした発想から村道が造られています。
> 　そして各集落ごとにどこに村道が欲しいかを聞きます。奥のほうの地域の高齢の方でも、最初はやはりまっすぐな立派な道が欲しいといいます。その場合、それにはいくらかかるということを言いまして、話をする中でやはり自分の家の軒先を通るほうがいいでしょうということで、最後は皆が納得する。それで、休耕田になっている土地を安い値段で買い上げるから出しなさいという形になるわけです」[注44]。

　実際、国道・県道等の管理者別の道路区分を見ると、「その他の村道」が村内道路総延長の66％にも達してる。「その他の村道」とは「将来とも交通量の大幅な増大が予想されない日常生活に必要な道路」であり、栄村の「道なおし」が市民の日常生活に根ざしたインフラ造りであることが伺える。

　栄村のケースは必ずしも「市民主導」とまでは言えないが、正真正銘の市民主導型が日本でも始まっている。1980年代にイギリスで始まった環境創造運動「グラウンドワーク」である。

> 　「1992年、NPO法人・グラウンドワーク三島が日本で最初にイギリスのグラウンドワーク方式を取り入れ、自然環境の再生を目的として事業を開始しました。グラウンドワーク三島では、三島市内の市民団体が中心となり、三島市や企業の協力を受け、ごみ捨て場と化した川の再生、絶滅した

注44　田中康夫他『市民がつくる公共事業』岩波ブックレット、2003年2月、23-25頁。

> 水中花ミシマバイカモの復活、ホタルの里づくり等の実践活動を行ってきました。当初は8つだった参加団体も、2002年現在では20を数え、これまでのプロジェクト参加人数はのべ40,000人以上、実践したプロジェクト数は30件を超えております。こうした三島市の成功を受け、1995年には（財）日本グラウンドワーク協会が設立され、日本におけるグラウンドワーク活動の基礎ができあがっていきます。自然環境の再生や街づくりを通じて、市民の生きがいの場、コミュニケーションの場、そして社会貢献の場としての働きが期待されております」注45。

しかし、嵯峨生馬も指摘しているように、「ボランティアのパワーが極端に強かった」三島の事例を一般化するのは無理がありそうだ。住民参加型の公園造りが各地で増えているとは言え、「あまりに多くを無償のボランティアに期待することはできない」からである注46。市民主導の公共事業、ここにボランティア活動と市場経済とを架橋する地域通貨「サンク」のいま一つの、大きな活躍場面がある。

これに対して、「社会福祉」を起点とする《福祉－エコプロダクツの普及－リサイクル促進》三項のリンケージ（図表Ⅲ-4 B2.）は、社会福祉のネガティブイメージを180度プラス方向に反転させる可能性を秘めている。人は誰でも、生活保護、児童福祉、身障者福祉、精神薄弱者福祉、老人福祉、母子福祉のいずれも社会的に必要不可欠な福祉分野と認めている。しかしそれでも、「それは自分とは関係がない」という受け止め方が大半だろう。環境創造通貨「サンク」によるこれら「弱者への助成」は、それが「社会形成教育への自己投資」や「エコプロダクツの購入」に使われることで、良質な人間環境の創造に貢献できる。すなわち、地域通貨「サンク」は、「モノ・カネ・ヒト、何でも使い捨ての20世紀社会」から「モノ・カネ・人間関係が

注45 越道正芳「英国グラウンドワーク視察ツアー参加レポート」2002年11月（http://www.e-toko.com/gweng.pdf）。
注46 嵯峨生馬『地域通貨』NHK出版、2004年、171頁。なお、本書では立ち入ることを避けた地域通貨の入門的側面については同書を参照頂きたい。

循環する21世紀社会」へと、人間社会のあり方を持続可能な方向に変革するツールになりうるのである。こうして、福祉行政の従来のマイナスイメージが、プラスイメージに180度転換する。

4 ｜ サンクの発行と交付

　国民通貨もそうだが、地域通貨も発行そのものは比較的簡単だ。難しいのは、発行後の使い勝手だ。財政資金であれ民間資金であれ、「貸付→利付き返済」というルートで創り出される国民通貨の安易な増発は、不良債権の山、償還不能な将来の国の借金をつくるだけだ。その損失は結局、すべて国民の財政負担となって帰ってくる。地域通貨も出発点への還流ルートを持たない場合、使われない地域通貨が個人や商店に滞留すれば、地域通貨運動そのものが、かけ声倒れで終わってしまう公算が大きい。発行された地域通貨の還流という点で、サンクには通貨の還流原理に基づく様々な仕掛けが施されている。だが、還流に先立つ問題が一つある。それはサンクの発行ルートである。サンクはそもそも、どのようなルートで発行されるのだろうか。

　環境創造カンパニーによって、サンクはおおむね次の三ルートで発行される。簡単化のために、ここでは１サンクの交換価値は１円と等価だとしよう。

　(1) ECカードシステムへの入会：ECカードシステム入会時に市民が支払う入会費分（例えば1,000円）のサンク（1,000サンク）を発行する。サンクの受取手は新規加盟市民である。

　(2) コミュニティー・ボランティアの実行：環境創造カンパニーが認定するコミュニティー・ボランティア活動への対価としてサンクを発行する。この場合、サンクは認定NPOを経由し、ボランティア活動する市民の手に渡ることになる。

　(3) 企業・団体の販促ツール：市場セクターに属する企業・団体・

商店などは、地域の循環資源を利用したエコプロダクツの販促やイベントのために、環境創造カンパニーからサンクを購入することができる。

(4) 預金利子と貸付利子の支払い手段：協賛金融機関は、預金利子の一部をサンクで実行すると同時に、貸付利子の受け取りに際してはその一部をサンクで受け取ることができる。協賛金融機関は、環境創造カンパニーから円貨でサンクを調達することができる。

サンク発行の中心になるのは、もちろん、(2)のコミュニティー・ボランティアの実行である。

5 ECカードが開く環境創造の世界──先進国型市民社会の最先端

ECカードは、地域通貨サンクを適切に動かす「21世紀の社会OS」として開発された。サンクの本質は、「コミュニティー・ボランティア活動を裏付けとした」国民通貨建て価格からの割引購入権である。例えば、加盟店が飲食店の場合は、サンクでの受領はその10〜20％、文具や電化製品であれば5〜15％、美術館であれば15〜30％という具合に、業種・業態・事業所によりサンクの受け取り割合は異なる。例外は、先に見た「学習研修センター」の講習費である。この場合は、コストの過半が講師料だから、光熱費等の実費を除く全額がサンクで受領可能になる。しかしここで重要なことは、いずれの場合でも、サンクの発行は基本的に「コミュニティー・ボランティア活動に裏付けられている」という点である。いま一度、A〜F、六つのセクターから構成された「『サンク』循環の世界」（図表Ⅲ-1）を参照頂きたい。

日本には、環境創造カンパニーに該当する様々な意匠のまちづくり会社も、少なからず存在する。ボランティアに励み、社会貢献意欲に満ちた「働く市民」も、少なからず存在する。欠けていたのは、社会システムの一領域として自覚的に位置づけられた「コミュニティー・

ボランティアセクター」だけであった。一方では小中学校におけるボランティアの「必修化」が声高に叫ばれているかと思えば、他方では、ボランティアなど依然刺身のツマくらいにしか受け取られていないのが、日本の実情である。だが、「好事家のボランティア」は別として、社会システム上に位置づけられたボランティア、すなわち「コミュニティー・ボランティアセクター」の意義は決定的だ。なぜなら、<u>このセクターこそが、社会の様々なセクターをリンクする、接着剤の役割を果たしているからだ。</u>

　経済大国である日本国民が「生活の豊かさが実感できないのはなぜか」をめぐり、侃々諤々（かんかんがくがく）の議論が闘わされて久しい。その答として、「心の豊かさを忘れた」であるとか、「豊かさは一人ひとりの主観の産物」などと指摘されてきた。これらの答は必ずしも間違いではない。だが、そこでは豊かさの問題で最も重要な論点が抜けている。それは、成熟した大人にとっての「豊かさ」とは、私的空間を越えた《社会的なもの》だ、ということである。

　地域通貨「サンク」を媒介項として、コミュニティー・ボランティアセクターを中心に市場と家計が結びつくことによって、日本市民の生活の質が飛躍的に向上する。すなわち、フローの商品財貨や住宅等の有形ストックのあり方、そして、市民にとっての時間のあり方が、わざとらしい商業イベントや行政のよそよそしさが醸し出す、「非日常的な喧噪」から「穏やかな日常生活」へとシフトしていくからだ。

　個々バラバラになりがちな社会的セクターをリンクし統合する機能こそが、社会OS型地域通貨サンクの本領である。環境創造通貨の本領を発揮させる部門、それが社会システムとしての「コミュニティー・ボランティアセクター」である。このセクターが活発に動くことによって、《物質的環境・市場経済・社会福祉》が《環境創造》という一つの目的に向け、融合していく。EUの環境先進国とは異なる手法で、日本は、市民社会の最先端に躍りでるのかもしれない。

6 | コミュニティー・ボランティアセクター(CVS)が市場部門を変える

ECカード上のサンクが循環することで、企業、商店、賃貸住宅、大学などからなる市場セクターも大きく変わる。

第一に、ECカードを取り入れた市場セクターが提供する財・サービスは、廃棄物の徹底した回収・分別・再利用を経て、「ゼロエミッション度」の高いエコプロダクツに変わってゆく。「ゼロエミッション度」とは、元国連大学特別顧問であるグンター・パウリの提唱した「ゼロエミッション」という考え方に基づき、あらゆる生産物の自然生態系との親和性を測る基準である。何人にとっても、「ある廃棄物がそのまま他の製品の原材料になること」が「すべての生産活動の究極の理想」であろう。「ゼロエミッション度」という考え方は、この否定しがたい事実に着目し、「ゼロエミッション度100」の完全なエコロジカル生産物から、生物界に不可逆的なダメージを与える「ゼロエミッション度ゼロ」の処理不能な危険物資に至るまで、諸々の生産物の自然生態系との親和性を秩序立てて配列してゆく。これが、〈環境の世紀〉の製品認証基準である。

サンクの流通とともに、ゼロエミッション度の高い商品を広め、ゼロエミッション度の低い商品のマーケット・シェアーを縮小していく。これが、サンクが環境創造通貨と名づけられた第一の理由である。

第二に、これまでボランティアの専売特許と受け止められてきた地域通貨が市場セクターの賃金の支払い手段の一部として活用されることで、地域内の労働者を中長期的に雇用するインセンティブが高まる。例えば、店員のアルバイト料が時給800円の地域では、「円」で600円、地域通貨サンクで400サンク（400円相当）、計1,000円相当が支払われることで、雇用者、被用者の双方が同時に大きなメリットを得ることができる。雇用者は円貨での賃金コストを押し下げられ、被用者は円貨のみの場合よりも25％増しの賃金を受け取れるからである。し

かも、サンクは一定地域で使う地域通貨だから、労働者の定着率向上にも貢献する。

　地域経済にとって最大の経済資源である労働力が、社会的安定と地域活性化の両面から、域内で活発に活用されるメリットは計り知れない。域内の労働力が最大限に活用されるということは、原材料のみならず、域内の多様な経済資源が最大限に活用される道が開ける、ということでもある。

　地元で生活する圧倒的多数の勤労市民及び、彼らが創り出す地元の物的資源が「財・サービス生産でどれだけ使用されているかは、持続可能な循環型社会を形成する上で極めて重要なメルクマールである。総コストに占める地元労働力と生産手段（原材料 + 機械設備）の比率を「地域度」という。

　自然生態系との親和性を基準としたゼロエミッション度は、それだけでは意味がない。経済のグローバル化で地元の雇用がどんどん減っていけば、人はその土地で生きていくことが難しくなる。人口移動による過密・過疎が進めば、「文化と自然を同時に享受する」ことは不可能になる。ゼロエミッション度が地域度という基準と両立するとき、サンクは真の「人間環境の創造手段」に、すなわち、環境創造通貨になる。ゼロエミッション度と地域度については、Ⅳ章で詳しく触れる予定である。

7 ｜ CVS が自治体行政と介護福祉を変える

　これまでのところ、「サンクが循環する世界」を構成していたのは、「働く市民」「コミュニティー・ボランティアセクター」「市場セクター」であった。この世界では、コミュニティー・ボランティアセクターは社会システムの不可欠の構成要素として存在する。このお陰で、定年退職を過ぎても高齢者は引き続き社会参加を果たし、充実した生

活を送ることができる。とはいえ、高齢者がいつまでも健常者というわけにはいかない。コミュニティー・ボランティアセクターは介護支援を要する高齢者や身障者を減らすことはできても、ゼロにはできない。

そこで登場するのが「要支援市民」セクターであり、「要支援市民」と EC カードシステムとを結びつける市町村自治体である。この両セクターを的確に EC カードシステムの中に位置づけていくことは、資本主義市場経済と発展的に「つきあう」ためには、すこぶる重要である。

その理由はこうである。すなわち、介護を必要とする「弱者」を救済する必然性は、「弱肉強食の市場の論理」からは絶対に出てこない。同様に、市町村自治体が「民営化」路線に抗して自己の独自的存在意義を正当化することも、「弱肉強食の市場の論理」からは不可能である。そうであるからこそ、社会正義や社会的公正というスローガンは、市場の効率性、合理性というスローガンに正面から対抗できなかった。

だが、市町村自治体が要支援市民への生活扶助費を「国民通貨と地域通貨サンクの交換」を通して行うならば、市町村自治体は、社会のあらゆるセクターを結びつけるリンク役という意味で、<u>正真正銘の公共団体</u>になることができる。この世の中で唯一身分保障で守られた公務員集団は、住民自治を実体とする地域自治団体の担い手に成長できるのだ。「市場経済のお荷物としての介護福祉」から「先進国型市民社会の一般的な構成要素としての介護福祉」へと、介護福祉の位置づけも、大きく変わる。

8 | 環境創造カンパニー（サンク発行会社）

サンクを新規に発行し、その円滑な流通を支援するのが「環境創造カンパニー」の役割である。カンパニーの主な仕事は次の通りである。

(1) コミュニティー・ボランティアの組織化──〈市民の能力創造〉、〈資源創造〉、〈コミュニティー創造〉、〈福祉創造〉、〈行政代替〉など、様々なボランティア活動を EC カード上の「コミュニティー・ボランティアセクター」の活動として認定し、サンクを交付する。
(2) EC カードシステムに加盟する店舗、事業所、学校等の募集。
(3) サンクの循環、特に「寄り道型」循環のプロセスに参加する自治体及び民間寄付団体との協力関係の構築(「Ⅲ-4 寄り道型還流」を参照)。

　民間寄付団体として最も有力なのは、メセナ(mecenat)の範囲を「芸術文化支援」から「教育、環境、福祉」など「社会貢献」にまでウィングを広げている企業である[注47]。今後、CSR(企業の社会的責任)に一層敏感にならざるえない状況は強まれこそすれ、衰えることはない。等身大の環境創造に役立つ EC カードに参画することは、今後、CSR のあるべき形として評価されるだろう。地域住民と自治体・企業とが真に共生できる関係を創り出すこと。環境創造カンパニーの重要な任務の一つと言ってよい。
(4) 自治体、NPO 等の協力による要介護支援高齢者・身障者の認定。
(5) EC カード推奨エコプロダクツの認証(Ⅵ章参照)。
(6) EC カードシステムのコンセプトの普及に関わる情報発信活動。

　もとより、「カンパニー」自身も、市場セクターの一員として EC カードシステムの一員であるから、人件費面での経済的自立の条件は与えられている。だが、経営体として持続可能な存在になるには、

注47　主要145社が加盟する企業メセナ協議会の2003年度の活動目的調査によれば、「社会貢献の一環として」(88.5%)と回答した企業が最も多く、次いで、「地域社会の芸術文化振興のため」(58.7%)、「芸術文化全般の振興のため」(52.8%)、「長期的にみて自社のイメージ向上につながるため」(52.3%)となっている(参考:企業メセナ協議会ホームページ http://www.mecenat.or.jp/)。

「カンパニー」も一般的な事業所と同様、適正な利益が確保されなければならない。ECカードシステムが最も力強い「社会の公器」でなければならない以上、「カンパニー」が自立的な企業体として永続することが絶対条件である。

差しあたり、「カンパニー」の国民通貨での収益機会として次の六点を挙げることができる。

(a) 推奨エコプロダクツのインターネットショップ上での販売

「カンパニー」のインターネットショップでは、使用通貨を国民通貨に限定し、サンクを使えないことにすれば、サンクの利用できる一般店舗と競合しないはずである。また、「環境創造カンパニー」が将来、全国で複数立ち上がった時点で、それぞれの地域「カンパニー」が扱える推奨エコプロダクツは、それぞれの地域で生産された製品に限定する。

(b) 販促ツールとしてのサンクの販売

外国語から音楽、ダンス、情報技術、介護技術に至るまで、高齢化時代を楽しく生活するための多彩な学習研修プログラムが用意できることは、ECカードシステムの重要な特徴の一つである。学習研修プログラムはサンクの「専売品」だから、販促ツールとしてのサンクへのニーズは決して小さくないはずである。

(c) 金融機関からサンク発行業務を受託する

すでに一部の金融機関では、預金利子の支払いの一部に地域通貨を活用する動きが出始めている[注48]。このことからも伺えるように、金融機関が預金利払いにあてる地域通貨の発行業務を請け負うことは、「カンパニー」の収益業務の一つになりうるだろう。

他方、加盟店に当該金融機関からの借入がある場合には、利子の一部をサンクで代替できる協定を結べば、ECカード加盟店は、一部

注48　三重銀行は四日市市のNPO法人地域づくり考房みなとと共同で、預金額に応じて地域通貨を受け取る特典が付いた定期預金『地域貢献活動サポート定期預金（Jマネー定期）』を発売している。地域通貨を活用した定期預金は全国初の試みだ。

であるが国民通貨建ての利払い負担から解放されるだろう。そうすることで、当該金融機関→加盟店→市民→「カンパニー」の間で、サンクを介したリンクの輪が広がり、「カンパニー」の収益基盤は一層強固になる。

(d)「カンパニー」のホームページに広告を掲載する

この業務の収益性は、ヤフー等の「ポータルサイト」やマスコミのホームページが広告マーケットの有力な一部を構成しているところから容易に理解できるだろう。

(e) クレジットカードの利用に伴う収益

UC、VISAなどのクレジットカードで代金を決済すれば、当該加盟店はクレジットカードでの売上額の一定割合（通常は3％程度）を手数料としてクレジットカード会社に支払っている。地域通貨サンクの発行会社である環境創造カンパニーもVISA等に加入することで、上記手数料の一部をコミッションとして受け取ることができる。但し、これは額としては小さいので、あくまでも補助的な収益と位置づける必要がある。

(f)「新しいESCO」事業

通常のESCO事業とは、エネルギー・サービス・カンパニー（ESCO）が顧客事業所とエネルギーコストの削減契約を結び、その実績に基づき「節約経費」を顧客事業所と折半し、そこから収益を上げる事業である。これに対して、「新しいESCO」はExpense Service Companyの略である。その業務内容は、市町村自治体や「広域連合」等の公共団体と経費節減契約を結び、その実績に基づき「カンパニー」が「節約経費」を自治体等と折半する公益事業である[注49]。ECカードシステムがいかに市町村自治体の「経費節減」に貢献できるかはすでに詳しく見た通りである。「新しいESCO」から上がる収益は、「カンパニー」が雇用機会を増やし、事業を日本の内外で広く展開す

注49 Expense Service Companyは貫隆夫の造語である。

ることにより、社会的正当性を主張することができる。

<u>日本各地でまともな仕事がどんどん少なくなっていく折り、「カンパニー」の社会的責任は大きくなるだろう。</u>

9 | 運営システムの暫定要綱

以上、ECカード・サンクの運営システムを暫定要綱としてまとめておこう。

1 システムの特徴

ECカードは、ボランティア等に対する地域通貨「サンク」の受領手段として機能する。様々な支払いに際しては、国民通貨と地域通貨「サンク」がECカード上で同時に決済手段として機能することができる。例えば、ECカード所持者が加盟店で1,000円の買物をした場合、カードを用いることで、900円は円貨、100円相当分は100サンクで支払うことができる。

2 カードの目的

(1) ECカードの本質は、ICカード上で動く地域通貨「サンク」によって、地域社会の様々なサービスニーズと地域市場経済とをリンクすることにある。よって、《物質的環境・市場経済・社会福祉》を《環境創造》の有機的な諸局面として位置づけ、生身の人間にふさわしい生活世界を追求する。これがECカードの使命である。

(2) 両者のリンクによって最も積極的な効果が期待できるのは、採算ベースが著しく悪化している廃棄物のリサイクル、リユースビジネスの分野である。コミュニティー・ボランティア活動による「資源創造」は、本カードシステムが本領を発揮すべき分野である。

3 サンクの発生要件

(1) サンクは、市民が相互に教授し合う学習教室、廃棄物回収・分別フリーマーケットの店頭業務などの多様なコミュニティー・ボラン

ティア活動に対する報償として発行されることを基本とする。

(2) 勤労者の了解のもとに、企業・各種事業所はサンクを「賃金」「賞与支給」の一部として使用することができる。

(3) 「コミュニティー・ボランティア（CV）活動を行う市民」及び「CV の提供するサービスを受け入れる市民」は、入会金1,000円と交換に1,000サンクを受け取る。

4　EC カード・地域通貨「サンク」の発行主体としての環境創造カンパニー

(1) カード及びサンクの発行主体は、全国各地の大学関係者有志・地域住民有志・生協等を母体とする各地「環境創造カンパニー」である。

(2) 「カンパニー」の法人形態は、地域の共同利害を成熟させ、地域のアイデンティティー確立の観点から株式会社が望ましい[注50]。

(3) 最初に設立される「環境創造カンパニー」（これを基幹カンパニーと呼ぶ）は、EC カードシステム（ECCS）の基幹ノウハウを後続カンパニーに提供する義務を負う。

(4) 永続事業体を目指す観点から、「カンパニー」は収益確保を軽視してはならない。当面の収益基盤として、「推奨エコプロダクツのインターネットショップ上での販売」、「販促ツールとしてのサンクの販売」、「サンク発行業務の金融機関からの受託」、「環境創造カンパニー・ホームページ上での広告業務」が有力だが、将来は「新しい ESCO」事業、すなわち Expense Service Company 事業が重要になる。

5　地域通貨の価値基準

(1) 地域通貨1サンクは1円との等価性の確保に努めるが、円貨とサンクの交換は行わない。

(2) サンクの価値の裏付けは、市民の「コミュニティー・ボランテ

注50　使い勝手次第だが、事業主体の組織形態としては、2005年8月からスタートした LLP（有限責任事業組合）でもよい。

ィア労働」である。

(3) 市場経済における労働とは違い、「コミュニティー・ボランティア労働」は単純に時間を基準として評価するものとする。その評価業務は「カンパニー」認定の NPO 団体が行うものとする。

6 市場セクターのサンク受け入れ比率

(1) サンクは、市場セクターに属する加盟店・事業所・学校等で「割引ポイント」として機能する。

(2) 販売価格に対するサンクの受入比率は、原則として、加盟店等の営業内容により5～50%の範囲とする。例えば、仕入れコスト比率の高い物販では5～15%、飲食10～20%、大学のエクステンション参加費及び、会議室・スポーツ施設等の公共施設の利用では10～50%のサンク受入率が予想される。具体的には、環境創造カンパニーがシステム利用者及び各事業者と協議の上、決定するものとする。

7 コミュニティー・ボランティアセクター（CVS）のサンク受け入れ比率

CVS は「コミュニティーに必要な労働・プロジェクト」を供給するセクターである。したがって、そのうちのいくつかの分野では、住民は、CVS からサンクを用いて様々なサービス、リユース品購入などの便宜を受けることができる。しかし、その受け入れ比率は、総じて市場セクターよりも高いとは言え、必ずしも100% というわけにはゆかない。事業分野により相当の幅が避けられない。具体的には、人件費比率が高く、物件費比率が低い分野は、サンク受け入れ比率は高くて良い。逆に、人件費比率が低く、物件費比率が高い分野の受け入れ比率は、相対的に低くなる。以下は、各分野のサンク受け入れ比率の一例である。実際の運用に当たっては、各地域で十分検討されるべきである。

(1) 〈市民の能力創造〉（各種学習教室）：原則100%

(2) 〈資源創造〉

- 有価廃棄物の引き取り：80〜100%
- 生ゴミの引き取り：80〜100%
- 総合リユースセンター、フリーマーケットでの買い物：80〜100%

(3) 〈コミュニティー創造〉
- 住宅・ビル補修：10〜90%
- コミュニティー・アートイベント（コンサート等）券の購入：80〜100%

(4) 〈行政業務の代替〉：原則100%

8 サンクの失効

サンク発生時点から数え、丸1年「サンクの取得または使用」がなかった場合、その間に累積したサンクは失効するものとする。

9 デュアルカレンシー・カード

ECカードは、クレジットカード機能（visa、master など）、キャッシュカード機能、広域的なポイントカード機能、電子マネー機能をICによって統合することで、円貨・サンク両建てのデュアルカレンシー・カードとして機能するよう設計される。学生などの低所得者向けカードでは、利用可能上限額に十分な配慮を払うものとする。

10 環境創造バンク

預貸業務を行う銀行等の金融機関のうち、預金利子及び貸付利子の一部にサンクを利用する金融機関を環境創造バンクと呼ぶ。

11 加盟店（事業所）資格

物販・飲食にかかわる加盟店は、ECカードシステムの認証製品を3〜5品目以上、取り扱わなければならない（認証基準については、第Ⅳ章、第1〜8節参照）。但し、品目数は、基幹カンパニーの了解のもと、地域の実情に応じ変更可能とする。

12 コミュニティー・ボランティア団体

ECカードシステムに参加するコミュニティー・ボランティア団体

は、「環境創造カンパニー」が認定するものとする。認定団体としてふさわしくないと判断された場合、「カンパニー」は直ちに認定を取り消すと同時に、その旨公表する。

13　サンクの授受で著しい不均衡が生じた場合の対応措置

サンク受取額がその使用額と比べ著しく大きな加盟店（事業所）は、原則として以下の何れかの対応措置をとるものとする。

(1)「企業の社会的責任」（CSR）の観点から、滞留サンクを EC カードシステム認定のコミュニティー・ボランティア団体に寄付する。寄付行為を行う加盟店は、「環境創造カンパニー」などで広く周知する。

(2) 自治体（または民間寄付団体）が加盟店に滞留したサンクを等価で円貨と交換し、自治体は母子家庭等の要支援市民にサンクで助成する。

(3) 自治体（または民間寄付団体）が加盟店に滞留したサンクを等価で円貨と交換し、自治体は「市民主導型公共事業」への対価として使用する。

Section IV
ECカード流通のための製品認証

Environment Creation Currency

1 ECカード流通のために製品認証はなぜ必要か

　これまで述べてきたように、地域通貨サンクの媒体としてのECカードは地域に住む人々の生活の真の豊かさを実現するための手段である。それでは、"真の豊かさ"を構成する要素とはなんだろうか。この問いに対しては、自然環境が人類の存続を保証する持続性を備えていること、基本的人権が尊重されていること、生活するうえで必要な物質的ニーズが満たされていること、等々がまず挙げられよう。これに生きがいや安心という要素、すなわち、①労働（能力発揮）を通しての社会参加の機会、②文化や娯楽のアメニティ、③介護や育児支援などからなる福祉、の三つを加えるべきであろう。人々は貧困を恐れる。しかし同時に、孤独と退屈、とりわけ、自分が弱者になったときの孤立を恐れる。したがって、社会参加の機会、アメニティ、福祉の三要素が高い水準で備わっている社会が物質的にも精神的にも豊かな社会である。

　社会参加とは社会に対して有益な貢献を行うことであり、一般的には労働を通してなされる。社会のニーズ（必需）やウォンツ（趣味に合うもの）を満たす労働（これを有用労働と呼ぶことにする）に対して、それが雇用労働であれば賃金というお金（円という法定通貨）が支払われ、無償ボランティアであればお金は支払われない。お金が支

払われる有用労働と支払われない有用労働の中間領域として有償ボランティア活動がある。有償ボランティア活動にも法定通貨が支払われるが、その本質はボランティア活動のための費用補填的なものであり、有用労働を提供する側から見て自己の所得最大化を目的とするものではない。

お金（法定通貨）が支払われる労働と支払われない労働との中間領域のもう一つのあり方として、有用労働に対して地域通貨を支払うという方法がある。この場合、地域通貨は"地域にとっての有用労働"を対象に支払われ、それが流通するのは地域通貨の趣旨に賛同する個人や商店、企業に限定される。いわば、地域通貨の取得、地域通貨による支払い、という二重の場面において、労働の内容が地域通貨の趣旨に適っていること、地域通貨で支払いを受ける側の賛同を得ていること、という限定条件をクリアしなければならない。限定条件がついているだけに流通量も限定されるが、しかし、地域の人々のニーズやウォンツへの適合性は高くなる。

地域の豊かさに確実に貢献するサービスや製品に対して支払われる地域通貨は、法定通貨の取得方法の一つとしてますます肥大化している金融的投機がその取得プロセスに介在しない。趣旨への賛同に裏打ちされた法定通貨の寄付、あるいは地域にとって具体的に有用な労働によってしか得られない通貨であるという意味で、地域通貨は氏素性のはっきりしたお金である。ミヒャエル・エンデのいう「パン屋でパンを買う購入代金としてのお金」と「株式取引所で扱われる資本としてのお金」という「二つのまったく異なった種類のお金」[注51]が一緒くたにされてしまう不条理を地域通貨は避けることができる。その代わり、地域通貨が"きれいなお金"であるためには、どんな労働（あるいは労働の成果としての製品）がその地域通貨の目的に合ったもので

注51　河邑厚徳＋グループ現代『エンデの遺言——根源からお金を問うこと』NHK出版、2000年、3頁。

あるかの認定が必要になる。その場合、サービス労働は労働の内容が目に見えることで、地域通貨の趣旨に照らして有用かどうかが一目瞭然であり、わざわざ認定するまでもないのに対し、製品についてはどんな原料が使われ、どんな工程によって製造されたかは店頭に並んだ段階では消費者にわからない。原材料や生産工程が環境を配慮したものであるかどうか、メーカー自身の説明書を読んで確かめるのもいいが、なかなかそこまでの手間は掛けられない。説明書を読んでも必要な情報が開示されていないことも多い。できれば信頼できる組織によってチェックを受け、太鼓判を押されたものが安心できる。つまり、ここでいう製品認証とは、「この製品はまちがいなくその地域通貨の目的に適っています」という認定の証しであり、具体的には認定証書やマーク等で示される。ちなみに、ISO/IECガイド65は「"製品"という用語は、もっとも広い意味で用いられ、プロセスおよびサービスを含む」としている[注52]。

ところで、地域通貨と製品との交換を行うためには、①地域通貨との交換可能性を認めるかどうかという製品認証と、②交換可能性を認めるとして何単位の地域通貨との交換を認めるかというポイント設定（価格設定）、の二つが必要である。後者の量的認証についてはその製品が市場に出回っている場合は円で示される市場価格をベースに円と地域通貨との交換比率を当てはめて行うのが通例である。例えば、1サンク＝1円であれば、市場で800円の価格がついているものは800サンクということになる。地域通貨でしか売らないという製品はあったとしても例外的であるから、ポイント設定の問題は円価格に連動することで解決されよう。

これに対して、サービス労働ないしボランティア活動はもともと市場経済のもとで供給されない労働である場合、市場価格が存在しないことも多い。例えば、お年寄りの話し相手になるというボランティア

注52　徳島県上勝町ごみゼロ（ゼロ・ウェイスト）宣言及び行動宣言〈前文〉より引用。

活動に対して地域通貨を渡す場合、「お年寄りの話し相手」事業が営利事業として行われているのでない限り、市場価格を参照するというわけにゆかない。市場機構によって価格(ポイント)を決めるわけにゆかないとなると、地域通貨の運営主体によるポイント設定といういわば「計画経済」的な価格設定を行うことになり、悪くするとそのサービスの需給の実態と乖離しすぎて地域通貨の滞留を引き起こしかねない。熟練(スキル)の獲得に要する費用や年月の違い、同じ仕事でも人によって異なるスキルの水準等々、サービスの提供側に限っても様々な差異があるはずである。市場という調整メカニズムを欠いたシステムの中でこれらの差異をどのように考慮していくかは、参加者の本音を踏まえた慎重なポイント設定が必要である。しかし、他方で、地域通貨の支払い対象となる労働の提供者はもともとお金を稼ぐことを主目的としてはいないために、自分が受け取るポイント数についてはかなり鷹揚であり、場合によっては、1時間の労働に対して一律○○サンクというような決め方も可能であろう。ここではこれ以上ポイント設定の問題に立ち入ることをせず、製品認証の問題を中心に考えてみる。

2 │ 認証の要件―環境性、社会性、地域性

商品を買うときに、買う方は必ずしも十分な商品知識を持っているわけではないから、自分で手にとって調べたり、商品説明を聞いたり、ブランドの信用に頼ったりしながら、機能やデザイン、価格等を勘案して購入するかどうかを決定する。しかし、その製品や生産プロセスが環境の観点からどのような特徴を持っているのかについて、価格やデザインのように簡単には分からない。製品性能たとえば最高速度や積載能力については口頭説明やパンフレット、あるいは試乗によってかなり分かる。これに対し、製品が生産されるプロセスの環境配慮の

水準や製品自体の環境性能について、環境報告書などに開示されている情報をいちいち調べて買う人は少ない。したがって、できるだけ環境負荷の少ない商品を得ようとする人々に対して、彼らの不完全な情報を補完する製品認証の仕組みがあった方が便利だということになる。では、地域環境創造という観点からなされる認証のあり方はいかにあるべきか。この点を、環境性、社会性、そして地域性、という三点について検討してみよう。ここで環境性とは地域環境の持続性を確保するためになされる環境負荷削減の水準を示し、社会性とは女性、高齢者、障害者等の雇用や登用、地域文化への貢献等、市場経済の枠組みからこぼれてしまうけれども地域社会にとって望ましい価値への適合水準を示す。最後に、地域性は地域との結びつきの強さを示す指標であり、例えば、資本や原材料、労働力など製品生産に動員された生産要素全体のなかでその地域内で生産・調達されたものの比率によって示される。

　近年の環境報告書は環境性に加えて社会性に関わる情報開示（ディスクロージャー）を行う場となっており、そのタイトルも持続性報告書（サステナビリティ・レポート）という表現にシフトしつつある。持続性は財務的健全性を前提とするから広義には収益性（経済性）、環境性、社会性の三つを含むものであるが、一般の傾向としては環境性と社会性については持続性報告書で開示され、財務報告書と並ぶ情報開示の二大媒体となっている。財務報告書は投資家の投資判断に必要な情報の提供という役割を担うが、地域通貨の支払い対象と認めるかどうかは投資の対象とするかどうかとは関係がないので、ここでは、地域通貨との関連で開示されるべき情報として収益性の代わりに地域性という評価軸を導入し、製品そのもの、あるいはその製品の生産や流通に関わる企業や商店の、環境性、社会性、地域性の三つの観点から製品認証を検討することにしよう。

3 環境性

　一般に効率とは投入された犠牲と得られた成果との比率で測られる。例えば資本効率としての収益性は投入された資本と得られた利益を対比することで、資本がどれだけ効率的に利益を生み出したかを見る指標となる。環境についても、犠牲(発生した環境負荷)と、その犠牲を払って生み出された成果(生産量、売上高、利益など)とを対比することで環境効率としての環境性を見ることができる。問題は犠牲としての環境負荷を何によって測定するかであり、環境負荷といっても排出される温暖化物質(二酸化炭素など)、酸性雨原因物質(硫黄酸化物など)、有毒化学物質(ダイオキシンなど)等々、様々な形態がみられるから、お金のように足したり引いたりで一つの数値にまとめることができない。種類の異なる環境負荷をどのように統合して企業間の比較ができるようにするか研究は進んでいるが標準があるわけではない。環境認証にはISO14000シリーズのように環境負荷を削減する仕組みが整備されているかどうかをチェックするものと、実現された成果としての環境効率をみて認証を与えるものとの2種類があり、認証機関に応じて様々な認証マークが見られる。地域通貨の運営主体が独自に認証を行うことはそのコストや労力から見て無理な場合が多いので、信頼できる環境認証機関と連携して、その認証機関の認証マークがついたものは地域通貨による支払いを認めるという方法が考えられる。

　認証機関との連携という方法とは別に、評価項目を限定すれば運営主体独自の認証も可能である。例えば、評価項目を、①廃棄物〔特に固形廃棄物〕の数量削減、あるいは埋立・焼却による最終処分量の削減、②廃棄物の有毒性の削減、③二酸化炭素など温暖化物質排出量の削減、の三点に絞って評価することはそれほど困難ではない。有毒物質についてはPRTR(環境汚染物質排出・移動登録)制度がある

のと、食品等については成分表示が義務付けられているので、虚偽表示という不法行為がない限りは把握可能である。廃棄物の最終処分量と温暖化物質排出量についてもほとんどの環境報告書でデータが開示されており、環境報告書を出している企業については、少なくとも企業レベルではある程度把握できる。問題は、環境報告書を出していない企業についてどうするかということであり、とりわけ地場の中小企業はそこまでのコスト・労力を割けないケースがほとんどであるから、これへの対応を考えなければならない。そこで、"ゼロエミッション"概念に基礎を置く"ゼロエミッション度"という指標を説明することにしたい。

4 ゼロエミッションの概念

リサイクルは一度使った資源の再利用であるという点で、そのこと自体は資源節約的であり、環境的にも望ましい。しかし、リサイクルは廃棄物の回収、分解や洗浄、溶融、再形成というプロセスを経過することなしには再資源化されない。自動車を使って回収を行うためには、回収車の生産に必要な原材料とエネルギー、回収車を走らせるための燃料など、原材料やエネルギーの追加投入が必要になる。他のプロセスについても全く同様に、設備生産のための原材料とエネルギー、設備を動かすためのエネルギーが要る。そして、リサイクルはたいていの場合、品質劣化を伴うから、何回かのリサイクルの後、いつかは焼却や埋め立てなど廃棄物としての最終処理が必要になる。

どのようにしてこの壁を越えるかということを考えるときに、廃棄物をリサイクルして再び資源化するという発想ではなく、廃棄物がそのままで他の工場の原材料やエネルギー源になるという形で産業連関を形成する、というのがゼロエミッションの考え方である。

人間の体には動脈と静脈があるにもかかわらず、従来の産業構造に

は鉱山や油田から地下資源を採掘し、これを精製、加工して製品を作るという動脈産業はあっても、廃棄されたものを回収し再資源化する静脈産業が欠落していたとの認識から、静脈産業の育成による循環型社会の形成が企図されている。しかし、考えてみると生物種間の関係はそれぞれが食料を摂取し排泄する自らの営みを通して種の存続を図ろうとする活動であり、循環はそのような活動の総合として成り立っているのであって、動脈的役割と静脈的役割が分担された結果として成立しているわけではない。それぞれの種は自らの活動を動脈的に営んでおり、いわば動脈的活動の集合体が循環的な食物連鎖を形成しているに過ぎない。特定種の観点から見れば他の生物種が静脈的役割を果たしてくれているとしても、他の生物種自身は自らの生を動脈的に生きているのであって、ある特定種の活動の後始末をするために生きているのではない。したがって、自然界に学ぶとすれば、動脈産業と静脈産業の組み合わせで循環型社会を形成するのではなく、それぞれが有用な製品を生産する動脈産業の集合体として産業の循環構造を確立するのでなければならない。そこではある産業が排出するすべての中間廃棄物（製造工程から排出される廃棄物）は別の産業にとっては有用な資源となる副産物であり、また、ある産業の製品廃棄物（製品寿命が尽きた製品）は同一製品あるいは別の製品の原材料やエネルギー源として位置づけられる。

　ゼロエミッション構想は国連大学の学長顧問であったグンター・パウリによって1990年代初期に確立されたが、熱力学的には文字通りのゼロエミッション（ゼロ排出）はあり得ないから、「ゼロエミッション」とはあくまでも「できるだけ廃棄ゼロを目指す」運動論として理解すべきであろう。現実には、「再利用されない固形廃棄物をゼロにする」という形で受け止められ、そのようなものとして企業の環境マネジメントの中で実践されている。ゼロエミッションの提唱者であるグンター・パウリ自身もさほど明確に定義しているわけではないが、

その著『アップサイジングの時代が来る』には次のような記述が見られる。「原材料の使用や成分の抽出を、何も無駄にせず、すべてを使い切るような方法で行うこと」(邦訳書『アップサイジングの時代が来る』朝日新聞社、55頁)。

荏原製作所によるゼロエミッションの概念図（下図）でも産業間で廃棄物の活用を行うことがゼロエミッションであるとされ、それがどの程度の率で達成されているかは直接問題とされていない。

5 サーマル・リサイクルとゼロエミッション

ゼロエミッションの概念について留意すべき点は、排出物の燃焼による熱利用（サーマル・リサイクル）を排出物の有効活用であるとしてゼロエミッションの定義内に含めるか否かという問題である。自然界の智恵に学び、自然界における循環の仕組みを生産システムに導入することをゼロエミッションと考えれば、自然界の循環において燃焼プロセスは、落雷による山火事、野火などの例外を除いて、存在しない。自然界の循環は燃焼プロセスをともなうことなく行われており、

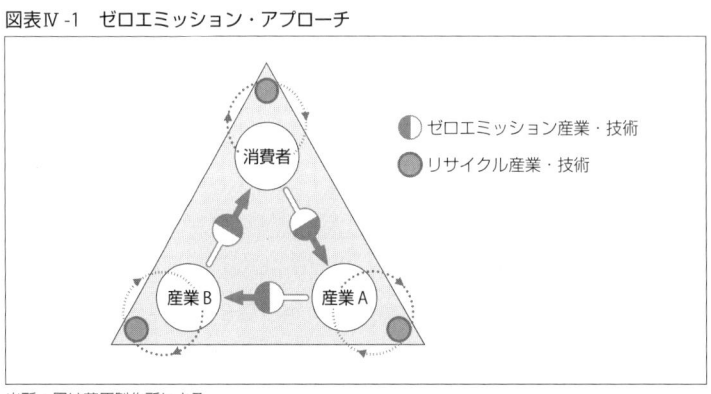

図表Ⅳ-1　ゼロエミッション・アプローチ

出所：図は荏原製作所による。

したがってゼロエミッションは原則的にサーマル・リサイクルを含まないと考えるべきであろう。

　原材料（マテリアル）の再利用がバージン原料を利用するよりも資源節約的である限り、マテリアル・リサイクルは大いに推進すべきであり、この点に疑問の余地はない。しかし、いわゆるサーマル・リサイクルは、焼却熱の有効利用という点で単純焼却よりも一歩前進であるとしても、焼却してしまえば循環の輪はそこで終り、燃えてしまった物質（マテリアル）は消滅する。循環型社会における循環は持続的な循環でない限り、サステイナビリティ（持続性）を支えるものとはならない。つまり、リサイクルが一回限りで終るのであれば、リサイクルしない場合に比べて涸渇の時期が先に伸びるだけであって、涸渇そのものの根本的な解決にはならない。サーマル・リサイクルはリサイクルという廃棄物有効活用の回数を一回だけに限定してしまうという意味で、厳密にはリサイクルとは言えないものである。

　この点を明らかにするために、マテリアル・リサイクルとサーマル・リサイクルの関連を整理しておこう。

(1) 原材料、エネルギー、労働が投入されて製品が完成する。

　　すなわち、原材料（マテリアル）＋ 熱エネルギー ＋ 労働 ＝ 製品

(2) 製品がある期間消費されて廃棄物になった後、原材料を回収しようとするものがマテリアル・リサイクルである。マテリアル・リサイクルのために、製品廃棄物にさらに熱エネルギーを加えてマテリアルを回収、再生する。そこでは、マテリアルの回収と再生のためにエネルギーを新たに追加投入するという犠牲が払われる。

(3) サーマル・リサイクルは製品廃棄物に含まれるマテリアルの回収を犠牲にして、廃棄物に含まれる熱エネルギーを部分的に回収する。

(4) こうして、製品に投入されたエネルギーとマテリアルの両方を回収するリサイクルはない。マテリアル・リサイクルはマテリアルを回収する代わりに、エネルギーの追加投入を必要とし、サーマル・リサイクルはエネルギー回収を行う代わりにマテリアルを消滅させる。ゼロエミッションは、生物や太陽の力を借りて、マテリアル・リサイクルをエネルギーの追加投入なしに実現しようとするものであるが、その重点は製品廃棄物のマテリアル・リサイクルよりも、製造プロセスで発生する中間廃棄物のマテリアル・リサイクルに置かれている。なぜなら、エイモリー・ロビンスやグンター・パウリが説くように、廃棄物総量の中で中間廃棄物の占める量の方が圧倒的に大きいからである。

 さらに言えば、リサイクルという言葉の持つ「元の原材料への回帰」という性格をゼロエミッションはもともと目指していない。ある産業の中間廃棄物や製品廃棄物が他の産業の原材料として活用される関係を築くことがゼロエミッションの意味するところであり、複数の産業間にまたがるそのような連関のなかで、総体として循環の輪が形成されることがゼロエミッションの目標とするところである。この意味では、ゼロエミッションはリサイクル自体を否定する側面を持っている。

以上、ゼロエミッションについて概念整理を行ったうえで、次に、ゼロエミッション度について説明しよう。

6 "ゼロエミッション度"

 ゼロエミッションがサーマル・リサイクルを含まないとすると、焼却プロセスに依存しないで廃棄物を減量してはじめてゼロエミッションの水準は向上する。焼却による二酸化炭素の発生がないので、ゼロエミッションによって、先にあげた三つの評価項目のうち二酸化炭素

の削減と固形廃棄物の削減の両方がカバーされることになる。ゼロエミッション度とはこのゼロエミッションの水準を指す言葉であり、理想的にはすべての廃棄物が有効活用されて廃棄物排出量が文字通りゼロになること、すなわちゼロエミッション度100であることが望ましい。

　数式的に言えば、ゼロエミッション度は分母に廃棄物の総量（重量あるいは容積）、分子に有効活用された廃棄物量を持ってきたときのパーセントとして算定される。99％が（焼却ではない方法で）有効活用されていれば、ゼロエミッション度99ということになる。

　ゼロエミッション度という用語をわざわざ用意する理由は我が国でゼロエミッションの定義が企業によってバラバラであるために、企業間の比較可能性が失われているからである。例えば、以下のような定義が見られる。

A社：「廃棄物の埋立処分ならびに単純焼却される廃棄物がゼロとなり、一定期間継続された状態」

　上の定義で「単純焼却」とは、「燃やして灰にする」という単なる減量化のための焼却で、その際発生する熱エネルギーの有効活用が図られていない場合を指している。また、「一定期間継続された状態」とは、廃棄物貯蔵ヤードに廃棄物を蓄積すれば埋立や焼却を避けることができるから瞬間風速的には埋立処分も単純焼却もゼロにすることができる、また、短期間であればコストを度外視して廃棄物の「有効活用」を図ることは可能である、という状況を想定して付加された条件であろう。すなわち、ゼロエミッションは持続可能なものでなければならない、としている点でA社の定義は先進的である。

B社：「ゼロエミッションとは埋立処分率１％未満の場合を指す」

　ここでは埋立処分率１％未満であればゼロエミッションの定義に

適うわけで、単純焼却によってゴミを減量化して重量比あるいは容積比での埋立処分率を1％未満にした場合も、ゼロエミッションに含まれることになる。

C社：「単純埋立・単純焼却の廃棄物が質量比10％以下の場合」

この定義は一見すると、先の「埋立処分率1％」よりはずっと緩やかな条件で定義しているように受け止められるかもしれないが、B社の「埋立処分率1％未満」は単純焼却による減量を排除していないので、実態的にはどちらがより緩やかな定義であるかはわからない。

定義は多様であるにしても、廃棄物を製品廃棄物と中間廃棄物に大別した場合、製品廃棄物活用としての"リサイクル"とともに、中間廃棄物活用としての"ゼロエミッション"が、埋立処分地の限界、京都議定書によるCO_2排出規制の強化という時代背景のもとで、大きな課題となっている。目標とする"ゼロエミッション"の具体的あり様は企業によって異なるが、われわれの立場は、焼却による減量はたとえそれがサーマル・リサイクルによる熱利用を行う場合もゼロエミッションの要件を満たす廃棄物活用とは見なさないというものであり、したがって、焼却熱利用によってゼロエミッション度が高くなるとは考えない。

ただし、他方で、われわれは廃棄物処理のあり方としての焼却をすべて否定するものではない。処分場の容量が限られている中でごみを溢れさせないという行政責任の観点からは現状では焼却に頼るしかない事情も認めざるをえないであろう。焼却によらない常温常圧の廃棄物処理が技術的、コスト的にまだ無理である部分が多いことも事実である。しかし、真の循環型社会の形成のためには、焼却しても生育過程で同量の二酸化炭素吸収を期待できるという意味でCO_2中立とされるバイオマスの焼却を除いて、焼却は避けるべきであるし、たとえ直

ぐには無理としても、目指すべき方向性は焼却なき廃棄物活用を進めてゼロエミッション度を向上させ、限りなく100に近づけることであろう。したがって、焼却に頼らないゼロエミッション度とその向上に向けての取り組みが、地域通貨サンクにとって製品認証の主要基準になる。

7 社会性あるいは"社会的進化度"

すでに述べたように、社会性とは高齢者や障害者の雇用、女性の管理職への登用など、社会的価値の実現に向けた努力の水準を指す言葉である。ここで社会的価値とはその価値の実現について社会の多数が望ましいと認める価値であり、例えば高齢者に対してその能力と意欲の範囲内で就業の機会があることが望ましいとする社会的合意があるとすれば、ある企業が高齢者の就業機会を用意することはその企業の社会性を高めることを意味する。ちなみに、わが国では「障害者の雇用の促進等に関する法律」に基づき、常用労働者63人以上の企業に対し「法定雇用率」として従業員数の1.6％以上の障害者雇用を義務づけているが、多くの企業（約3分の2）が「法定雇用率」をクリアしておらず、クリアできない場合に納める「身体障害者雇用納付金」の支払いで済ませている。このような状況の中で、法定義務以上に障害者を雇用する企業があれば、それは社会性の高い企業であるという評価になる。女性管理職の比重が高い企業についても、根拠のない男女格差をよしとしない社会的合意がある限り、同様に社会性の高い企業ということになる。

資本主義経済の長所は需要と供給の調整を市場メカニズムを通して行うことによって、資金や労力など有限な資源の最適配分を実現することにある。他方で、市場経済の枠に入ってこない要因は、たとえそれが人々の生活の質に強く関わるものであっても経済的考慮の外に置

かれてしまうという短所を持っており、いわゆる"外部不経済"、あるいはその一形態としての環境問題の存在がこれを示している。すなわち、資本主義経済は、生産過程のアウトプットとして、効率的に提供されるプラスの価値を持つ製品やサービスとともに、外部不経済というマイナスの価値たとえば環境汚染を生み出す。

次に、生産過程のインプットという視点から見ると、資本主義経済の長所は、資金、労働力、原材料、機械設備などの生産要素を、最小コスト（したがって最大利益）を目指して最も効率的な組合せで投入する点に求められる。他方で、インプットに関わる資本主義経済の短所も極めて重大である。資本主義経済のもとでは市場をめぐる競争があり、また競争があるから生産効率も向上するわけであるが、逆に言うと、競争力の維持強化に貢献できない労働力は雇用されないことになる。労働における競争力の指標は労働生産性の高さであり、これが競争水準に達しない人は、たとえ働く意思と"何ほどかの労働能力"があっても失業する羽目になる。雇用機会に恵まれなかった人々の労働能力は"活用されざる人的資源"としてむなしく社会の中に死蔵される。

同様に、資本コストを超える利益機会を見いだすことのできない資金も過剰資本として実質ゼロ金利に近い超低金利のもとで放置される。すなわち、資本主義経済は、生産過程のインプットにおいて、労働力や資金の効率的投入とともに、競争水準に達しない大量の労働力、収益水準に達しない大量の資金を"活用されざる資源"として非活用状態に置く。オートメーション化を進めて個別企業の労働生産性を高め、

図表Ⅳ-2 資本主義経済の長所と短所

	インプット	アウトプット
長　所	労働力の効率的投入	製品・サービスの効率的供給
短　所	大量の非活用労働力の存在（高齢者、障害者、女性）	マイナスの価値（環境問題など）の発生

競争力を高めるとしても、他方では大量の失業者がその労働能力の発揮の機会を奪われているのでは、社会全体の労働生産性は低水準にとどまることになる。この関係を表示すれば**図表Ⅳ-2**のようになる。

雇用しても競争に勝てるだけの生産性を期待できない、あるいは、たとえ高い生産性を期待できたとしても販売市場の制約から収益性が見込めないなど、様々な理由から人々は雇用機会を失う。高齢者はたとえ健康で労働意欲があっても定年によって強制的に引退させられ、障害者はたとえ健常者の何割かの生産性がある場合でも「一人前でない」という理由で雇用の場を与えられない。その他、出産を契機とする退職など、世の中には膨大な非活用労働力が存在する。これに、学生達の就学外の利用可能時間、フルタイム労働者の就業時間後や休日等の利用可能時間も含めると、非活用・未利用の潜在的労働時間はさらに大きなものとなる。環境問題など外部不経済については、マイナスの効用としてすでに認識されているという意味で、市場の外にあるとしても認識の内側にある。これに対し、労働力が活用されずにいるという問題は資本主義経済の重大な欠陥として十分認識されていないのではないだろうか。もちろん、失業問題の解決のために様々な努力がなされてはいる。しかし、それは働く意欲のある高齢者を対象とするものではないし、能力も経験もあるのにジェンダー的な理由で管理職に登用されずにいる女性達のポテンシャルを対象とするものでもない。とりわけ、今後急速に進む高齢化を考えると、高齢者の労働能力活用は社会にとって極めて重要な課題であり、もし、地域通貨というツールを使って、市場の手が届かないニーズやウォンツに、市場が動員することのできない労働力を活用して応えてゆくという仕組みができれば、それは社会の真の豊かさの強力な促進要因になるに違いない。

高齢者の大半は元気な高齢者であり、労働能力は働き盛りと比べていくぶん低下しているとしても、機会さえあれば有用な労働によって社会への貢献をすることができる。彼らが何らかの労働を行い、謝礼

として地域通貨による支払を受ける場合は、法定通貨（円）の支払をともなわないから、謝礼を受けても互助の本質を見失うことがない。エンデの言う「パン屋のお金」としての地域通貨は具体的な有用労働の交換（ギブ・アンド・テイク）を媒介するものであって、法定通貨のように投機で得たお金が紛れ込むことがなく、単なるボランティア活動のように奉仕する人の善意が絶えればそれで終わりというものでもない。善意への一方的依存よりは、ギブ・アンド・テイクに基礎を置く互助の方が持続性が高いし、地域通貨による報酬の形で自己の労働に対する社会からの肯定的評価を受け取ることは、社会との関わりを失わずに生きたいという高齢者の願いにも適う。

　それでは、社会性の測定はどのように行うのか。簡便な方法としては、従業員数（正規従業員数 ＋ 非正規従業員数）を分母とし、そのうちの高齢者、障害者、女性管理職の人数をそれぞれ分子とする比率によって、企業間の比較が可能となる。この比率がある水準を越えたものを認証の対象とすることになるが、社会性の定義として企業の文化貢献を含め、企業の年間予算総額と文化貢献予算との比率を指標に加えることもできよう。組織の社会性の水準を表現する指標は用語としても確定しているわけではないが、例えば"社会的進化度"という言葉を用いることも可能であろう。"社会的進化度"は社会の進化度という意味ではマクロ的なニュアンスをもつが、ここでは、ある組織（企業や団体）の社会性の水準を示す言葉としてミクロ指標としての意義を持つことになる。

　最後に、もう一つの評価項目である地域性について考えてみる。

8 地域性あるいは"地域度"

　持続性報告書では環境性と社会性が問われるが、地域に根ざし、地域の活性化を指向する地域通貨としては、さらに、製品認証にあたっ

てその製品の地域との結びつきを考慮しなければならない。すでに述べたように、地域との結びつきの強さは、資本や原材料、労働力など製品生産に動員された生産要素全体のなかでの、その地域内で生産・調達されたものの比率によって示される。地産地消とは地域で生産し地域で消費することを指すが、地域で生産された量のうち何％が地域で消費されているかという点も地域性をみる一つの尺度である。国レベルでは外貨を稼ぐために輸出比率を高めることが奨励されるが、地域での循環を役割とする地域通貨にとっては地域での消費率が高いものほど認証の対象としてふさわしい。

投入資源のすべてが地域内で生産・調達されるケースはグローバルな分業が進む現代では稀なケースであろうが、工程の最初から最後まで地元で生産されたというような場合、労働力については地域度（地域貢献度）100であるという言い方が可能である。途上国の工業化を促進するために、現地生産による部品調達の比率を、例えば60％以上と義務づける"ローカル・コンテンツ"規制がなされることがあるが、地域通貨についてもその支払い対象資格を認めるに当たって、地域労働力比率や地域原料比率などについて、一定比率を超えるものを優先するという考え方が許されよう。

もう一つ、別の観点からの地域性を考えることもできる。それは、生産にともなう廃棄物のうち何％が地域内で有効活用されているかを見るものである。分母に廃棄物の量、分子にそのうち地域内で有効活用されている廃棄物の量を取ることによって、廃棄物の地域内活用について評価指標を得ることができる。

インプット面から見た地域性は地域に雇用機会をもたらすものを優先的に認証するものとして理解されるが、それではアウトプットに属する廃棄物の現地活用率を重視するのはなぜか。廃棄物についてはもともと廃掃法（「廃棄物の処理及び清掃に関する法律」）によって地域内処理が義務づけられており、他地域に搬出しての処理に対しては当

該自治体に対する処理委託料の出費がともなう。この出費を節約できることが第一の理由であり、他地域までの遠距離輸送を避けることで運送コストの節約のみならず、輸送中の排気ガスによる環境負荷も軽減されることが第二の理由である。さらに、地域内での廃棄物処理に際しても焼却施設等のコストがかかるが、なにかの原料として活用されれば焼却や埋立の費用、環境負荷を避けることができる（第三の理由）。第四の理由は、廃棄物の域内活用は新たな雇用機会を生み出し、地域の付加価値力を高めることである。

こうして地域度について望ましい典型的なあり様は廃棄物の有効活用によってゼロエミッション度を高め、それが同時に地域度の向上をもたらすことである。蛍光管の廃棄に際して、これを再資源化（リサイクル）するためにガラスと蛍光水銀を分離するという特殊な工場は国内にいくつもあるわけではないので、他の地域への輸送もやむを得ないということになるが、廃棄物活用にともなう輸送距離はできるだけ短いこと、できれば地域内輸送で済むことが望ましい。循環型社会における望ましい循環のあり方として、循環すべき廃棄物の量を小さくする（スモールな循環）、循環のための移動距離が短いこと（ショートな循環）、循環の時間サイクルが長いこと（スローな循環）が挙げられるが、このうちショートな循環が地域度の高い循環ということになる。

次に、地域で発生する生ごみの処理について、ゼロエミッション度、社会性（社会的進化度）、及地域度の観点から検討してみよう。

9 | EC カードと生ごみ堆肥化

生ごみの処理はどこの自治体にとっても頭の痛い問題である。何よりも埋立を行う最終処分場が不足している。たとえスペースがあったとしても焼却場や処分場は迷惑施設として住民の反対に会うのが通例

である。最終処分場の埋立スペースを延命させるために東京都三多摩地区ではごみ焼却灰を石灰粉と混ぜてセメントを生産する計画を立て、日の出町にセメント工場を建設中である。原料のうち焼却灰が50％以上に達するものは「エコセメント」として JIS 規格による認証を受けているが、生ごみの完全分別がなされない限りは乾電池などに含まれる有害物質を完全には排除できないから、そのような有害物質の焼却灰を含むエコセメントについては、セメントの耐用年数が尽きたあとの環境汚染が危惧されている。また、環境面の問題と並んでコスト的にも現行の生ごみ処理は大きな問題を抱えており、回収、焼却、埋立あるいはエコセメント生産等の費用を合計するとトン当りコストが普通セメントの十数倍（約5万円）に達するとされ、自治体財政にとって大きな負担となっている。

　このような現状への対策として、一つは八王子市などに見られるように、ごみ収集を有料化し、ごみの量に応じて料金を徴収することで排出ごみ量の減量化を図るということがある。さらに、これとは別の対策として、生ごみの分別を徹底したうえで、生ごみを堆肥化するという方法がある。代表的な例は山形県の長井市で行われている生ごみ堆肥化で、市民の協力で分別を徹底し、これを堆肥にして市内近郊の農家に使ってもらうというものである。生ごみの堆肥化は堆肥化したあとの受け皿（農家）がないとうまくゆかないと言われ、東京のような農地の少ない都会では無理だという意見があるが必ずしもそうではない。現に、ホテルや結婚式場、社員食堂などから出る生ごみを電気乾燥して減容化したうえでこれを堆肥化工場に運び、出来上がった堆肥を契約農家に買ってもらう。農家は買い取った堆肥を使って有機栽培を行い、出来上がった有機野菜を生ごみの出し手であるホテルや食堂で使ってもらう、というクローズドループ（閉じた循環ループ）がすでにビジネスとして成立している。

　生ごみ堆肥化は常温常圧のもとで発酵菌の助けを借りて行うもので

あり、焼却プロセスをともなわないという意味で環境的に優れているだけでなく、コスト面でも焼却→埋立という処理方法、あるいは焼却→エコセメントという活用方法に比べて優位性を持っている。生ごみ堆肥化は、回収範囲や取扱い数量などの条件にもよるが、トン当り2万円程度の処理料で採算ベースに乗るとされ、コスト面からも普及が期待されるが、堆肥化の最大の障害は分別が徹底されないと出来上がった堆肥の品質保証ができないということである。（これに対し、堆肥の需要 = 受け皿の問題は、堆肥の品質さえ確保できれば海外輸出を含めた広域的な連携によって克服可能である）。

　しかし、この課題は、ホテルや食堂など事業系生ごみの堆肥化において行われているように、完全分別を契約条件とし、異物の混入が続いた場合は引取り契約を破棄するとか、引取り料金の引き上げを行うなど完全分別に向けたインセンティブを用意することで解決可能であると思われる。地域住民による生ごみ完全分別への協力、分別協力に対する地域通貨での報奨、カウントされた地域通貨のICカードへの組み入れ、ICカードにオンされた地域通貨の協賛商店や食堂での利用など、ごみ問題は地域と密着した問題であるだけに地域通貨との親和性が強い領域であり、生ごみのように毎日、どの家庭、事業所でも発生する廃棄物の処理をICカード上でのポイント追加によって取り扱うことの利便性も極めて大きい。また、堆肥化によるごみ減量によってごみ処理費用の節約というメリットを受ける自治体は、節約されたごみ処理費用の一部を地域通貨の原資とし、それを分別協力者に還元するというあり方も十分に理にかなっている。

10 製品認証の限界

　認証基準をクリアして認証マークが認められた製品は、例えばそれが環境認証である場合、環境に配慮した製品であることをエコマーク

という簡単な図案で消費者に伝えることができる。しかし、買うか買わないか、どれを買うかという消費者の行動を決める要因は価格、性能、品質、デザイン、使い勝手の良さ、アフターサービス、ブランドの知名度など様々なものがあり、環境配慮はそれらの諸要因のうちの一つに過ぎない。エコマークがついていても価格が高かったり、性能面で見劣りすれば、よほど環境意識の高い消費者でない限り、エコだからという理由だけでは買ってくれない。一般的には環境を後回しにてコストや性能を優先した方が価格や性能の面で優位に立てる。したがって、エコマークが意味を持つためには、次の三つの対策が並行的に行われる必要がある。すなわち、①環境教育を充実させて、少しくらい割高であっても環境配慮型の製品を選んでくれるように消費者の意識を変える。②研究開発を充実させて、環境に配慮してもコストや性能でそれほど不利にならないような材料や工程の開発を行う。③拡大生産者責任の原則をより徹底させ、環境に与える負荷（社会的費用）がきちんと価格に反映されるような制度設計を行う。

　地域通貨は環境配慮型の製品を対象とすることで、①エコマークだけでは消費者の倫理に訴えるしかなかった状況を、地域通貨の支払い対象をエコ製品に限定することでエコ製品の販売機会を増やす。つまり、供給側にはエコマーク、需要側には地域通貨という対応関係のなかでエコ製品が社会に浸透していくことになる。

　しかし、地域通貨を運営する側からすれば、最大の課題は地域通貨による支払いを受け入れてくれる加盟店の開拓であり、製品に認証を与えるといういわば許認可権をもつ官庁のような特権が運営主体に与えられているわけではない。製品の供給側は認証に関係なく事業を行うことができるのだから、地域通貨のネットワークに加盟するかどうかは加盟することによるメリットがあって初めて可能になる。地域通貨の賛同者が来店してくれることによる顧客数や売上げの増大という経済的メリットもあったほうがいいが、なによりもその地域通貨が目

的とする趣旨を理解し賛同してもらうことが前提となる。その意味で運営主体の側に営業的センスが求められるが、理解と賛同を得るためにも地域内での日頃のコミュニケーションが物を言う。逆に、優れた運営を行うことで地域通貨を媒介とするコミュニケーションの輪が地域のなかに育っていく。要するに、製品認証を生かすのは最終的には地域の人々の地域への愛情とコミュニケーションである。

　以上、地域通貨に関わる製品認証について述べてきたが、認証とは信頼性の表現であり、したがって製品認証の前にその地域通貨自体に対する信頼性がなければ地域通貨は流通しないし、流通しなければ認証の意味もないことになる。地域通貨そのものには認証マークがついているわけではないから、地域通貨への信頼性は運営主体の継続的な努力による実績の積み重ねによるほかはない。Ⅲ章で述べたように、地域通貨は法定通貨に代替するものではなく、法定通貨の動きを方向づけながら補完するものである。したがって、地域通貨の補完的役割は法定通貨への信頼性、信用を前提としている。この点から言えば、我が国の赤字国債発行による公的負債の累積は、将来的には我が国法定通貨への信頼性を損なう危険性を孕んでおり、国家財政の破綻という事態のもとでは、ハイパーインフレや預金封鎖に見舞われたアルゼンチンのように、失業者の手作り製品の物々交換を媒介する地域通貨が法定通貨に代わる機能を果たすことになる。こうして、地域通貨が主役として登場するような事態は地域の人々にとって不幸なことであるが、それでも、補完的役割を果たす通貨として地域通貨を使いこなしてきた経験があれば、それが全くないのと比べて、はるかに人々の苦しみを軽減するに違いない。この意味で、地域通貨は経済の破綻に際して最小限の生活需要を賄うための保険的機能をも潜在的には担っている。

Section V

挑戦する地域・自治体

Environment Creation Currency

1 ごみは本当に「ごみ」なのか？

　先日、週末に農作業をやる知人から面白い話を聞いた。
「夏場の草取り、本当に大変なんですけど、この間面白いことが分かりました。というのも、畑には一体どんな雑草が生えているのか、摘み取った草を全部集めて調べてみたんですよ。そしたら、そのうち半分ぐらいは雑草といっても食べられるもので、実際その後みんなで食べてみたら、けっこうおいしかったんです。農家にとっては雑草でも、食べ物としてみれば食べられるんですよね」

　このエピソードは、雑草という概念が、極めて相対的なものであることを端的に物語っている。畑の中では、そこで人間が育てようとしている目的となる作物以外は雑草であり、駆除すべき対象となるわけだ。

　「ごみ」という概念も「雑草」と同じように相対的なものかもしれない。だからこそ、何を「ごみ」と見るかという線引きや価値観、そして、「ごみ」に対する人々の接し方や処理の仕方は、地域によっても違うし、時代とともに変化しているものでもある。

　卑近な例を持ち出せば、横浜市出身の私は、子どものころに耳にした「燃やすごみ」という言い回しを真に受けていて、プラスチックのごみを見ると可燃ごみとして捨てることに違和感がなかった。ところ

が、東京都に住むようになり、プラスチックを「燃えるごみ」に混ぜようものなら、マンションの管理人から大目玉を食らう羽目に合う。かと思うと、埋立地の不足などにより、従来「燃えないごみ」となっていたプラスチックは今後「燃えるごみ」として取り扱われるようになるという。また、自動販売機の横などにはペットボトルが回収できるボックスがあるが、一般の家庭ごみではペットボトルの分別回収はしておらず「燃えないごみ」として捨てなければならない。自販機やコンビニエンスストアの前にある回収ボックスも2リットル用などの大型のペットボトルには対応しておらず、大きいペットボトルは捨ててしまうか、あるいは回収ボックスを備え付けているスーパーマーケットに律儀に持っていく以外、ほとんど行き場がない。こんな小さなエピソードを取り上げただけでも、ごみの取り扱いは、たくさんの矛盾に満ちている。

　ごみに対する意識の混乱の極みとも言えるのが、「資源ごみ」というボキャブラリーが存在するという事実である。あまりに一般的に使用されている言葉なので違和感を覚えなくなったのかもしれないが、有用な物質を意味する「資源」という言葉と、人間生活にとって不要なものを意味する「ごみ」という言葉が見事に同居している。これは資源なのかごみなのか、と問いたくなるわけだが、可燃ごみ、不燃ごみと並んで資源ごみという表現があることからも、どうやら資源とはいえ、それはごみの一種、と捉えられているということのようだ。

　こうした不思議な言葉遣いがどこから来るのか、とたどってみると、実はその根拠となる法律がそのまま反映して、そのような呼び方に落ち着いたということが分かる。ここに、わが国の循環型社会の出発点とも位置づけられる重要な法律「循環型社会形成基本法」における「循環資源」の定義を引用しよう。

> 「循環資源」とは、廃棄物等のうち有用なものをいう。

 この定義によれば、ごみと資源との関係は、全体集合を形成するごみの中で、その一部を占める存在として「資源」が位置づけられることになる。言い換えれば、「ごみを処理する」という大きな枠組みのなかの部分的な対応として、資源の循環がうたわれているわけである。資源はごみの部分集合。全体のごく一部に過ぎないのだ。だが、循環型社会というコンセプトからすれば、本来、この集合関係はまったく逆であってもいいぐらいではないだろうか？

2 拡大消費者責任？

 ところで、ごみを資源として利用するという理想論を、生活レベルで愚直なまでに実行に移そうとすると、もう一つの妙な現象が起こってしまう。

 北海道のある町で見た光景だが、私の知人がキッチンで皿洗いをしているとき、彼はふとハサミを取り出して中身を使い切ったマヨネーズの空き容器を半分に切り始めた。そして、二つに切った容器の中に水を注いでわずかに残ったマヨネーズを水洗いしたうえで、スポンジを使ってマヨネーズをすべて掻き出した。油分の多いマヨネーズだけにスポンジはたちまち泡立たなくなる。そこで彼はさらに洗剤を投入し、マヨネーズをすべて水に流しだす。唖然として見ていたが、彼に聞くと、それがこの町では正しい分別の方法であるという。その間、水は流れっぱなし、洗剤は大量に使われているが、それでも分別していることが環境によいというのだ。

 その徹底ぶりに驚かされたが、同時に、自分には彼の指先がベタベタして気持ち悪くないかが気になった。そして、そんなことをこの町全体の人がやっているとしたら、それまたすごいことだな、と思った。

そもそも、消費者はここまでしなければならないのだろうか。

その様子を見て思い浮かんだのが「拡大消費者責任」という言葉だった。こんなことまで消費者がやる国は、世界を見渡してもそう多くはあるまい。本来は、メーカー等の生産者に再資源化を義務づける拡大生産者責任へと向かうべき責任の所在が、いつの間にか末端の消費者に押し付けられ、結局のところ、消費者一人ひとりの労力と水資源の浪費という新たな資源の無駄を生んでいる。しかも、プラスチックを再生するためにはさらなるエネルギーを投下することになる。環境負荷もけっして小さくないだろう。

だからといって、再資源化の労を惜しんだ瞬間、あのマヨネーズ容器を待ち受けているのは「廃棄物」としての扱いである。われらが循環型社会形成基本法によれば、循環資源とならないごみは、「廃棄物の処理及び清掃に関する法律」にしたがって「適切な処分」をされる運命にある。

この「適切な処分」という金科玉条のもとに、近年では、全国各地に大容量の巨大ごみ処理施設が次々と建設されている現状は、どれだけ好意的に解釈しようとしても、循環型社会形成基本法の存在と大きく矛盾しており、むしろ、社会の進むべき方向性とごみ処理の実態とがどんどん乖離しているように思われる。というのも、循環型社会の到来を想定し、ごみの減量を本気で実現しようとするなら、過大なごみ処理施設（しかも、ごみをただ燃やすだけの能力しかない非生産的な施設）は必要ではなくなるはずだ。循環型社会形成基本法の背後にどっしりと居座っている廃掃法のパラダイムは揺るぎなく、廃棄物処理に充当される予算は手厚い。それはあたかも、従来「ごみは燃やすもの」と考えていた人たちが、いよいよ自身満々に、むしろ「ごみは勢いよくバンバン燃やす」というステージへと突き進んでいるように見える、と言ったら言い過ぎだろうか。

「拡大消費者責任」という言葉は、言うまでもなく、しばしば循環型社会のキーワードとして登場する「拡大生産者責任」という言葉をもじったものであるが、この拡大生産者責任という言葉も、ある前提が満たされなければ本来の意味を持ち得ない。それは、行政の循環型社会に向けたポリシーの提示と、コストの明確化という二点である。

　行政のごみ処理は、お金がかかる。昼間の時間帯に1台の収集車につき2～3人が担当してごみを回収するのだから、コストがかかるのは当たり前だ。しかし、民間の清掃事業者は、夜間に1人で回収している例も多い。渋滞も起きない、カラスにごみをあさられることもない、移動もスムーズで効率がいい、しかも人件費が抑えられる。行政にもこうした経営努力があり、コスト意識が徹底されたところで、ようやく、行政は民間企業に対して「拡大生産者責任」を主張できるようになるのではないだろうか（第Ⅱ章第5節参照）。

3 広域ごみ処理に突き付けた明確な「NO」の意思表示

　拡大生産者責任を胸を張って主張できるような、見事な施策を実現した自治体がある。

　徳島県の山間部にある人口二千人余の小さな町、上勝町。平成15年の秋に発表した「ゼロ・ウェイスト宣言」は、全国各地で進展するごみの広域処理の流れに矢のように鋭く明確な「NO」を突き付けた。

> 　国の政策は、廃棄物の発生抑制を第一とした「循環型社会」の形成を推進することになっております。しかし一方で、従来型の焼却を中心とした政策が現在も推進されており、基本法が公布された平成12年度でも、焼却炉や埋立地を中心とした廃棄物処理施設の建設・改修に約6,500億円が費やされており、その内約1,900億円が環境省の国庫補助で補われています。現在進められているごみの高温（800℃以上）焼却、ガス化溶融炉、

> RDFによるごみ発電等は、世界中の多くが地球温暖化防止を定めた「京都議定書」にも反するものであり、早期にこうした方法は改めなければならないと考えています[注53]。

　このように、上勝町では、近隣の小松島市をはじめとする5町村による広域ごみ焼却施設の建設に反旗を翻すと同時に、町内においては徹底したごみの減量と資源の回収に取り組むことで、資源循環型社会に向けた姿勢を明確な態度と実践を通じて表している。

　上勝町の徹底ぶりは、ごみの巡回回収を行っていないところから始まっている。すべての町民は町内に一カ所だけの回収ステーションにごみを持ち込むことになっている。回収ステーションで驚かされるのは、実に34種類の分別という細かい分別回収が行われていることだ。ビン、缶、ペットボトルなどはいうまでもないが、乾電池、蛍光灯、発泡スチロール、古布、紙パック、ダンボール、新聞、割り箸、廃食油、生ごみなど、実に細かい。回収された資源は近隣の業者に回収され再資源化されるが、古着や使わなくなった布団などを持参すれば、必要とする町内の他の人が持っていくようになっている。

　ここまでくれば、明らかに、上勝町の回収ステーションは「ごみ収集所」ではない、「資源収集所」といってもいいだろう。事実、2003年には、回収ステーションに集まったもののうち重量ベースで80%が資源として再利用されるという驚異的な実績を残している。隣町では「ごみ」でも上勝町では「資源」。それを分けるのは、仕組みを動かす人たちの姿勢による。上勝町の実績は、彼らの気骨を体現するものだ。

4 | 「ごみは燃やさない」という合理的選択

　香川県善通寺市。ここでは、新しい焼却施設をつくる代わりに、家

注53　徳島県上勝町ごみゼロ（ゼロ・ウェイスト）宣言及び行動宣言〈前文〉より引用。

図表Ⅴ-1　徹底した分別を行う上勝町の回収ステーション

庭用の生ごみ処理機に手厚い補助を出したり、各家庭でコンポストの設置を奨励することで、ごみ減量によるコスト削減と、資源としての再活用に徹底的に取り組んでいる。

　焼却施設の最大の課題は高い燃焼温度を確保することである。燃焼温度が800度を下回ると猛毒のダイオキシンが発生しやすくなる。焼却炉の燃焼温度を下げる要因として大きいのは生ごみだ。生ごみは、その重量の8割以上が水分。つまり、1kgの生ごみを燃やすときには800グラムの水を燃やそうとしているわけだ。これでは温度が上がらないのも無理はない。そこで、多くの焼却施設では燃焼温度を高くするために重油を投入している。ごみを燃やすためにさらなるエネルギーを投入する。ごみが出れば出るほど燃料を浪費してしまう。もちろん、その費用も莫大だ。一般的に、1kgの生ごみを燃やすためのコストは40〜50円前後といわれている。ごみの焼却にはたいへんなコストがかかるのである。

　善通寺市のそろばんは、生ごみが減ることによって削減が期待されるごみの回収や焼却に要するコストと、生ごみ処理機等の普及にかける投資とのバランスによって成立している。ごみを燃やすことに血道をあげるのではなく、ごみを減らすことに投資することが、環境への

配慮だけでなく、持続可能で健全な自治体の財政運営にも貢献する、ということなのだ。

これだけの迫力を持ってごみ減量とごみ処理コストの削減に取り組む自治体が掲げる「拡大生産者責任」のスローガンにはたいへんな重みがある。

5 生ごみを資源にかえて行政コストも削減

埼玉県小川町では、NPOと行政が連携して食品廃棄物を堆肥に変え、農業生産者へと提供する循環型社会の取り組みがすでに定着しようとしている。

住民は地域にできた生ごみを堆肥化するプラントに家庭の生ごみを持ち込む。協力した住民に対しては半年で3,000円に相当する地域通貨「ふうど」が支払われる。

NPOが生ごみを堆肥にするために必要なコストは1kg当り12円。これに対して、従来の方法で小川町が生ごみを焼却するコストは45円だった。そこで、小川町はNPOが生ごみを堆肥化することによって回避した焼却コストの一部をNPOに支払うかたちでNPOとの提携関係を結んでおり、地域通貨「ふうど」の原資も町が拠出する資金の中から捻出される。

町にとってみればごみ処理コストの削減につながる。NPOは町から事業費を手に入れながら地域内の資源循環を推進できる。農家をはじめ町内の商業者にとって見れば、町内で利用できる地域通貨によって、これまでごみ処理コストとして有効に活用されなかった資金が町内に還流することになり、全体の金額こそ少ないものの経済的メリットが生まれる。

このように三者がそれぞれにメリットを受け、しかも事業としても成立する仕組みをつくることは、すでに小川町が実証しているのであ

る。現在、NPO では新しいプラントの創設を予定しており、今後町内のより多くの家庭が参加するプログラムへと発展していくことが期待される。

6 | てんぷら油や新聞紙が地域通貨に変身

　鳥取市の郊外にある鳥取環境大学では、周辺の地域とともにゼロエミッションコミュニティーの構築に向けた取り組みを行っている。

　ここでのテーマはてんぷら油だ。大学の研究室と学生がつくったNPO が、家庭から出るてんぷら油を回収し精製してディーゼル車の燃料にしている。燃料にした自動車は住民が利用するコミュニティーバスの燃料となる。ここでは、地域通貨の考え方を応用した「地球にいいことします会員証」が活躍する。てんぷら油の回収に協力した住民にはこの「会員証」が配布される。この会員証を持っていれば、再生燃料を利用したコミュニティーバスに乗って鳥取市内を往き来することができる、というわけだ。

　住民の足となるコミュニティーバスの燃料が住民から回収したてんぷら油の再生燃料で動く。そして、そのバスには燃料の回収に協力した証拠として配布される会員証によって乗車することができる。資源の循環とともに、資源循環を推進するコミュニティーの間で地域通貨的なシステムが機能している好事例といえよう。

　福岡県豊津町。ここでは、NPO 新聞環境研究所が、新聞紙の回収を手がけ「ペパ」と呼ばれる地域通貨を発行している。新聞紙のリサイクル率が低い同地域では、新聞紙はただ燃やされてしまうことが多い。新聞販売店の経営者だったという同研究所の代表は新聞を販売する身として罪悪感に近いものを感じていたという。そこで、地域の図書館など人の集まる場所で、回収日を設け、新聞紙を回収し始めた。

新聞紙の回収に協力した町民は、30kgの新聞紙につき30ペパの紙幣1枚を受け取る。ポイントはその使い道だが、30ペパは80円相当の地域通貨として、地域の公共交通機関で利用できるようになっている。新聞古紙をリサイクルし、環境に対する負荷の小さい公共交通機関で利用できるようにするというストーリーだ。新聞古紙は、行政が1kgにつき5円（30kgで150円）で買い取っている。NPOはその差額を運営費に充当している。

　ペパの仕組みは、他地域にも反響を呼び、福岡市や北九州市小倉南区などにも波及している。現在は紙幣が基本となっているが新聞環境研究所では今後交通部門で普及が予想されるICカードの活用も視野に入れている。

7 森からエネルギーをつくる

　冒頭に紹介した上勝町でも、地域通貨を取り入れた新しい試みが始まろうとしている。

　町営の温泉施設では、2005年春から木材チップで燃焼するチップボイラーを導入し、従来の重油によるボイラーを廃止する。チップボイラーはペレットストーブと異なり、木材チップをそのまま燃料として使用できるため加工の手間が少ない。ペレットストーブは、燃料となるペレットを作成する時点で木材の加工に大量の電気を使うことなどが問題となっているが、チップボイラーはその点でも優れた選択肢であるといわれている。

　このチップボイラーと、上勝町内の森林とを結びつけるのが地域通貨の役割だ。

　日本の多くの森林で見かけることだが、上勝町でも、森林の中に足を踏み入れると間伐された木がそのまま斜面に転がっている。森林の維持・管理のために間伐が必要だが、間伐したあとの木材は運搬が面

倒なため斜面に放置されていることが多いのだ。そこで、こうした間伐材を町民が回収し、森林組合に持参した場合、町民に対して地域通貨を付与する。回収した木材はチップ化し、温泉施設のボイラーで燃料として利用される。町民は、この温泉施設で、貯めた地域通貨を利用して入浴できるという仕組みだ。

　重油の代替手段としてのチップボイラーと、山林に放置された間伐材をつなぎ合わせ、人を動かす仕組みとしての地域通貨。森林作業で汗を流した後のひと風呂は格別のものがあるだろう。

8 価値の源泉は地域の中に

　小川町では生ごみからできる堆肥と堆肥を使った農作物が、福岡では新聞紙が価値の源泉となって地域通貨を流通させるエンジンとなっている。このほかにも、地域通貨の中には、地域に由来する資源によって価値が支えられている例がある。

　かつて法定通貨が金との兌換性によって支えられる金本位制があったのになぞらえて、近頃の地域通貨では、その地域独自の物品との交換可能性によって支えられる「ご当地本位制」の通貨が現れている。

図表V-2　地域通貨の"原資"となるワラビの畑で

岩手県の山間部に位置する西和賀地域（湯田町・沢内村）では、「わらび」という地域通貨が流通している。過疎化・高齢化の進む同地域では、雪かきや農作業、森林整備などを手伝う"助っ人ボランティア"を町村外から募集し、交流人口の拡大を図っている。地域通貨は"助っ人ボランティア"に対して発行され、両地域の大半の商店・旅館等で利用できる。しかしながら、この通貨には換金性がない。地域通貨の価値を支えているのは、その名の通り、西和賀の特産品であるワラビであり、地域通貨100ワラビは、時価100円相当のワラビと交換することができる。西和賀ではこれを"ワラビ本位制"と呼んでいるが、地元では食事などで必ず使うワラビは必需品であり、なおかつ、地元に住む人なら誰でも肌感覚として理解できる物品であるため、多数の事業者が参加するに至ったのだ。ちなみに、「原資」となるワラビは、高齢化した農家の休耕田を借りてワラビの根を植え付けて栽培している。

　ほかにも、大分県別府市で流通する「湯路（ゆーろ）」は、「湯本位制」を標榜し、地域通貨で温泉に入れるという交換価値を提供している。無尽蔵に湧き出るお湯なら、多少地域通貨を受け入れても痛くはない。むしろ、風呂のあとにビール一杯でも飲んでもらおうならかえって得にもなる。その他、国内には、みそ本位制、炭本位制など、現金ではなく特別な物品との交換可能性を地域通貨の流通基盤としている事例が現れている。

　このような地域の特性を踏まえた物品を原動力にすることで、地域通貨に広がりと強さを持たせることができることが分かってきた。

9 ｜ 自分たちの地域は自分たちの手で

　本書の第Ⅲ章第3節で紹介した栄村の思想も、善通寺市のそれと根底では相通じるものがある。道直しや補助金に頼らない圃場整備は、

国が求める「高性能」を追求するかわりに、住民の生活に根ざした必要から発想した、むしろ最も「合理的」な手法である。

なぜなら、高性能を追求すればそれだけコストが発生する。補助金がニンジンとしてぶら下がっていても、ニンジンに手を出してしまうとそれを食べるためにはいろいろな準備をしなければならない。国の水準であれば1ヘクタール当り180万円する圃場整備。仮に国の補助率が半額であれば、地元負担は90万円となる。しかし、栄村方式の圃場整備であれば工費は40万円前後で済む。特に、山間部の地形の複雑な村においては、国の基準は身の丈にあっていない。そこで、自身のニーズをしっかりと見極めるところから出発して、栄村は賢明な判断をするに至ったというわけだ。

「全総」によって国の骨格が形作られ、「シビルミニマム」によって市民社会に必要な基本的な施設は整った。最低限の基準を満たすことが戦後社会における行政の使命だった。そうした最低ラインが整っても、「マイナスをゼロに」という行政の文法は変わらなかった。行政は、「不備」や「課題」を過剰に生み出すことを覚え、一度膨らんだ財政を均衡点に着地させることができなかった。その根源に持つべき発想は、「満足」ではないだろうか。栄村の事例は、どこで満足するか、という問いに対して、地に足の着いた姿勢を示している。そのことが無駄を抑制しているのだ。

10 十分の一の予算でさらに高い効果を生む

かつての村落共同体では、そこに暮らす住民が相互扶助の関係を築いていた。茅葺き屋根の普請や田植えや稲刈りなどの作業は個々の家庭の問題ではなくすべての住民が参加する共同行事だった。そして、こうした共同行事においては、どの家から何人の人が参加したかを大福帳に書き留めておき、手伝ってもらった側はまた手伝いによって返

礼するという「互酬」の原理が成立していた。こうしたシステムは「結い」などと呼ばれている。

しかしながら、地域の過疎化や高齢化の中で「結い」が成立するような村落共同体を復活させることは、いまとなっては困難だ。労働集約的な農業によって支えられてきたかつての地域社会と、少子高齢化を迎えたいまの地域社会とでは、地域の共同作業に割ける人の数も大幅に違ってくるだろう。かつての集落の共同作業を支えただけの数の人が足りないのである。

また、地域社会に暮らす人の意識も変わった。栄村のような「満足」の基準を自ら持っている地域は少なくなり、むしろ国の基準で行う公共事業に感覚が慣れきってしまったのだろうか。もはや、身近な地域を自分たちの手で直していこうというメンタリティを、多くの住民が忘れてしまったように思える。

しかし、地域社会が変化したと同時に、それを取り巻く社会全体も変化した。村落共同体が成立したかつての時代は、いま以上に移動に多くの困難がともない、住民はいまいる場所に腹を据えて生き続けることが最適な選択だった。しかし、交通が発達し地域間の往来が容易になった現代社会では、まちや村の人が都市に出てゆくのと同時に、都市に住む人が、小さな村落の活動に共鳴し、足を運ぶことが可能になった。

白神山地にほど近い秋田県峰浜村。ここに手這坂と呼ばれる集落がある。手で這って上るほどに急な坂という地名の由来通り、周囲を山に囲まれた手這坂の特徴は、そこにある四棟の家屋すべてが茅葺き屋根のままであることだ。集落を見下ろすと、まるでタイムトリップしたかのような錯覚を覚える、お伽噺に出てきそうな場所だ。

ところが、数年前、最後の住民が便利な里に移って以来、手這坂は無人集落となってしまった。住人がいなくなった集落には、雑草が繁茂し、家屋も急速に老朽化した。このまま放置すれば、せっかくの景

観も荒廃する。そこで、村の有志により結成された「手這坂活用研究会」が維持・修復の活動を行うようになった。

　一般に、茅葺き屋根の葺き替えには１棟につき1500万円前後が必要と言われている。地元の有志による手這坂活用研究会にはそこまで巨額の資金など調達できない。世界遺産や特別な文化財に指定されているわけでもない手這坂の景観を守るためには、新しい手法が必要だった。

　そこで登場したのが地域通貨「桃源」だ。手這坂では、茅葺き屋根を修復する作業にボランティアを募集しており、主に秋田市などから参加者が集まる。参加したボランティアには１日の作業につき1,000桃源を手渡す。手にした1,000桃源があれば、村民の手づくりによる名物料理「だまこもち」を食べることができる。また、三日分に相当する3,000桃源があれば、無人となった古民家の鍵を借りて１泊できる。数人のグループで参加すれば、集落の作業を手伝っている限り、食事や寝泊りの場所にありつけるというわけだ。

　同会の現金の支出は年間150万円程度。その内訳は、屋根に使う材料や工具、そして、茅葺きの技術を持たないボランティアを指導する職人１人分の人工代である。つまり、材料や技術、専門的な知識など、活動を行うために最低限必要となる経費は現金で手配するが、それ以外の部分は地域通貨で補う。その結果、茅葺き屋根の修復という最終的な成果は同じでも、現金の支出は約10分の１。しかも、活動に参加したボランティアたちは、この地に深い思い入れを持つようになり、次に何かイベントが行われたり新たな作業が発生するときには駆けつけてくれる仲間となる。いろいろな人が関わる機会をつくることで、単に経費を削減するだけでなく、新しい人と人とのつながりまで生んでいる。地域通貨はその橋渡し役となっているのである。

11 ごみ処理会計と地域通貨

　環境省では、全国的に通用する「ごみ処理会計」のガイドラインの策定を進めている。ごみ処理会計とは、文字通り、ごみ処理に要するコストを算出するものである。市町村の自治事務として進められているごみ処理業務は、市町村ごとに手法がまちまちで、全国一律のコスト算出が難しい。そのため、環境省としては、全国的に通用するごみ処理コスト算出のためのガイドラインを策定しようというわけだ。

　環境省がごみ処理会計の標準化に取り組む理由には、全国の市町村ごとのごみ処理の効率性をベンチマークすると同時に、ごみ処理サービスの有料化の推進に向けたバックボーンとなるロジックを構築することにある。すでに全国各地でごみの有料化に取り組んでいる自治体が見られるが、有料化の根拠とその課金額について納得のいく根拠を打ち立てようという意図が見られる。

　このように、ごみの有料化という、ごみの排出者に対する費用徴収のためのロジックが第一義であるごみ処理会計だが、裏を返せばごみの排出削減への協力者に対するインセンティブのためのインフラとして活用することができる。

　例えば、生ごみを出す家庭と、生ごみを乾燥させ回収に協力する家庭とで比べてみよう。前者が5 kgの生ごみを出すとしたら、市町村は、5 kgのごみを預かり、それを焼却炉で燃やすだけしかない。一方、後者は自宅のベランダやあるいは家庭用生ごみ乾燥機を使って生ごみを乾燥させ、回収に協力することで、回収された生ごみは肥料として再利用可能な資源となる。通常、生ごみの80%は水分であるといわれ、5 kgの生ごみは乾燥すれば1 kgになることから、回収ステーションで1 kgの乾燥ごみを回収したならば、その人は5 kgの生ごみを減量したと推定することが可能である。そこで、1 kgの乾燥ごみを持ち寄った人に対しては、5 kgの生ごみを出さなかったこと

によって発生した「避けられた費用（アボイダブル・コスト）」の一部を還元することが考えられる。これを地域通貨という形で配布することで、ごみ減量に協力した市民に対してもインセンティブを提供することができるのではなかろうか。

　ごみ減量のための資源回収に関しては、様々なオペレーション方法が考えられるが、現状最も可能性があるのは町会、商店会、市民団体等の地域団体が資源回収ステーションを設置し、定期的に家庭の資源を回収する方法である。ここでも、ごみ処理会計の考え方を導入すれば、回収量によってはスタッフの人件費等を工面することも可能となるかもしれない。

　当然、市町村によってごみ処理コストが異なるため、地域によって付与される地域通貨の量は異なってくるかもしれない。しかしながら、ごみ処理会計という共通のソフトウェアインフラに則った地域通貨は、地域ごとのカスタマイズさえ可能であれば、まさに、社会OSとしての性質を獲得する可能性がある。

　地域の資源を活用し、ごみ処理コストを削減し、資源回収に協力する人にインセンティブを与え、資源回収の現場に立つ人の雇用まで支える。こうした資源循環のインフラを提供する可能性が、ごみ処理会計と一体化した地域通貨の将来像として浮かび上がってくる。

12 個人を単位とした投資と参加

　東京・渋谷を拠点とする特定非営利活動法人アースデイマネー・アソシエーションが発行するアースデイマネー。名称の由来は毎年4月22日に世界的に開催される「アースデイ」にちなんだものだが、アースデイを一日のイベントで完結するだけでなく、日常の生活の中で環境や社会に対する貢献を促進することを目指して活動を行っており、そのスローガンは「毎日がアースデイ」である。

図表V-3　アースデイマネーの紙幣。近い将来、カードや携帯電話を取り入れたシステムの導入を目指している。

　アースデイマネーの単位は「r（アール）」。これは、渋谷を流れる渋谷川にちなみ、river の頭文字から付けた名称だ。

　アースデイマネーでは、個人、特に渋谷に集まる若者に、社会貢献や環境問題に関するテーマに興味を持ってもらうことを目標としている。アースデイマネーを入手する方法は、ひとつはボランティアをすることである。例えば、渋谷の市街地におけるごみ拾いの活動に参加すると、各参加者に1時間につき500r が支払われる。

　アースデイマネーを手にするもう一つの方法としては、原宿のカフェ「WIRED 360°」などに設置されたアースデイバンク ATM と呼ばれる機械を利用することである。ATM というと物々しいが、実際には駄菓子屋などで見かける「ガチャポン」を活用した仕組みだ。このガチャポンに200円を投入するとカプセルが返ってくるが、カプセルの中には200r が入っている。投入した200円はアースデイマネーに参加するプロジェクトに対する寄付金となり、活動に充当される。一方で、カプセルから出てきたアースデイマネーは協力する店で利用できる。

　渋谷にはアースデイマネーに参加する店が約20店ほどある。これらの店では、アースデイマネーを持参すると商品代金の一部として支払いに利用できる。受け入れる割合や条件は店によって異なるが、猿

楽町のカフェ「マーブル」では1回につき500r（500円相当）が利用できたり、美容室「テクニコ」ではカット代金の10%までアースデイマネーを利用することができる。

　大消費地である渋谷で始まったアースデイマネーだが、その展開の先には都市と農村の交流が位置づけられている。それは、一方では、都市から農村に出向き、現地の遊休耕地などを再生しながら農作業に取り組む「アースデイファーム」の活動と、もう一方で、都市側に農村から生産物を持ち込み、渋谷のオープンスペースにおいてマーケットを開催することである。農村は生産をし都市は消費をするという分業制が成立しているのが現代社会だとすれば、アースデイマネーの仕事は両者の役割を入れ替えることだ。すなわち、都市住民は農村に行き農の現場を肌で感じること、農村は都市に繰り出し消費者にじかに接すること。しかも、単に農作業をすることは、農村への奉仕ではなく参加する人自身にとっても重要な気晴らしとなり自らの人間性の再生にもなる。他方で、マーケットの場は、一方的に農産物を売り込むための場というよりは、都市部の住民を農村にいざなうための入口として機能させることにより、相互の交流と再生を目指すものである。そして、その間を取り持つのが、アースデイマネーなのである。

　交換が発生するメカニズムは、立場や性格の異なる他者が、互いに必要とするものがあり、しかも、そのことについての情報が整っていることが重要である。アースデイマネーは、都市と農村、商店とNPOなど、全く異なる主体をつなぎ合わせ、ダイナミックな交換の仲立ちとなる。そうすることによって、硬直化した社会に一石を投じることにチャレンジしているのである。

13 ゼロエミッションと地域社会

　ゼロエミッションの提唱者であるグンター・パウリは、ゼロエミッ

図表V-4　静岡県伊東市の耕作「放棄」地を開墾してアースデイファームに。遊休耕地も手を入れれば立派な資源だ。

ションすなわち排出物ゼロとは、単に見かけ上ごみが出ないということではなく「常温・常圧で物質が形態変化すること」と定義付けている。したがって、ごみを燃やしてしまうのは問題外として、ごみに熱を加えて溶かしたり加工したりすることも本来のゼロエミッションからすれば逸脱したものとなる。また、ごみをただ単に捨て去ってしまうのではなく、ごみから何かを生み出すことで新しい価値をつくりだすということこそがゼロエミッションの真髄であり、ゼロエミッションは、より積極的な意味合いとして価値を拡大させる、すなわち「ア

ップサイジング」であるということを強調している。

　こうしたアップサイジングの思想は、来るべき循環型社会のキーワードであるように思われる。循環型社会では、これまで無価値といわれてきた廃棄物が新しい価値を獲得し、事業として成立することで新たな雇用を生み出す。資源を無駄にしない、そして、新しい雇用を生み出すというアップサイジングの考え方は、これからの社会の基底をなす哲学ではなかろうか。

　市民一人ひとりが負担するごみ処理費用。税金という、本来透明性が高くあるべきお金の使途として、あまりに過大なお金が使われている。しかも、ごみは処理されるだけで何も付加価値を生んでいない。こんな無駄遣いはない。

　そろそろ、「ごみを燃やす」というパラダイムを本気で捨てるべき時期が来ている。そして、とかく引き算で考えがちな発想から脱却して、ごみを足し算で考えることにチャレンジするべきではないだろうか。ごみを燃やすことをやめることによって浮いた費用、ごみを生かすことによって得られる効用を冷静に見極めて、新しい社会のインフラを構築することが求められるように思われる。

Section VI
環境創造通貨の「意味」と意義
Environment Creation Currency

　遠い先のことより、目先のことに囚われるのが人の常だ。なぜ目先のことに囚われるか。それは将来への展望がないからだ。目先の手続き、目先の利害、目先の平和、目先の満足などに支配され始めると、先のことを考えることなど、くだらないことに見えてくる。そうなればなるほど不安は深まり、目先のどちらでもいいことで大騒ぎが始まる。

　多くのサラリーマンは、「個人的には」このままでは日本社会が持続不能なことがよく分かっていても「目の前の生活防衛のために、矛盾を抱えながら自分の属している組織の中で全力を尽くことになる。そうすることで自らの将来をますます危うくする」（小沢徳太郎『21世紀も人間は動物である――持続可能な社会への挑戦 日本vsスウェーデン』新評論、1996年、241頁）。

　「老後の心配のない北欧と違い、日本は先行きが不安なためによい学校を出て出世し、お金を増やしたいと考える人も多いのでしょう。そう思うと、社会システムの改善と個人の発想の転換を図らない限り、マテリアリスティックにならずに、のんびり過ごすのもいいや、などという気楽な考えは多数派にはならないのかもしれません」（中島早苗他『北欧流 愉しい倹約生活』PHP研究所、2004年、179頁）。

　「いま人々の暮らしの中からにじみ出てくる共通の不安は、『不安定な労働と生活』『老後や万一に対する生活保障』『教育と子どもの未来』（平和と環境を含めて）だろう。不安に乗じて、平和憲法をいけにえにした好戦

的社会が来るかもしれない」(暉峻淑子『豊かさの条件』岩波新書、2003年、vi頁)。

「子供が産まれ育つということは国家において、夢や希望のバロメーターだと思っている。将来に夢や希望を持てないと子供は産めないからだ。一部で人口減少は悲観することばがりではない、という意見もあるが、その考えは間違いで、産みたいと思っている人が産めないという状況が問題だということに気付いていないだけだ」(野田聖子「産むことにためらいを感じる、そんな国はどこかおかしい」『エコノミスト』2004年8月31日号、75頁)。

いまの日本国民は、世界有数の「豊かな国民」であることは間違いない。にもかかわらず、将来への展望を持つことができないのは一体なぜか。「あなたが日本で生き続けるとして、あなたの10年、20年後の未来は明るいですか」と尋ねられたとする。よほどの能天気でもない限り、自信をもってイエスと答える者は、皆無だろう。だが逆に、明確にノーと言い切れる人も、多くはないだろう。驚くべきことだが、われわれは将来を展望するための、知のベースすら失っているのだ。

1 不安の根源(1)：そもそも「環境」って何のこと？

現代社会の中心問題が「環境問題」であること、少なくとも、「環境問題」が最も重要な問題の一つであることを否定する者は、まずいないだろう。例えば、日本を代表する百科事典の一つ、『日本百科大事典』(DVD2003年版、小学館)では、「環境問題」は「社会」という大項目のなかで、「社会学」「社会一般」「マスコミ」「労働」「家族家庭」「教育」「福祉」などと並ぶ中項目の一つとして位置づけられている。『世界大百科事典』(DVD1998年版、平凡社)でも、同様な位置づけが与えられている。つまり、日本を代表する学知の殿堂においては、「環境問題」とは社会の問題なのだ。

とは言え、行政や日常の世界に一歩立ち入ると、「環境問題」が本

質的に「社会問題」であることを理解している人は、ずっと減ってくる。「えっ、環境問題って自然の問題なんじゃないですか」、あるいは「環境問題を勉強するのは自然科学系の学部じゃないんですか」という声が聞こえてきそうだ。

こうしたズレが起こるのは、「環境問題」の「環境」とは一体「社会」なのか「自然」なのかが全く不明確なまま、「環境問題」や「環境行政」が一人歩きしたからだ。人類にとって最も重要な問題の所在すら分からなければ、「将来への展望」どころの話ではない。どんな厳しい状況でも、人は先が見えさえすれば、事態を乗り越えることができる。だが、真っ暗なトンネルの中では例えどんな小さな事故でも、待ちうけているのは及びもつかない大惨事だ。

例えば、「環境基本法」（1993年施行）は、「環境の保全に関する施策」の対象を「大気、水、土壌その他の環境の自然的構成要素」（同法第14条）と規定している。だが、同法では「環境」とは何かがどこにも書いてないので、ここで言う「環境」が何かは推論するしかない。素直に解釈すれば、保全されるべき「環境」とは「大気、水、土壌その他の環境の自然的構成要素」とあるのだから、「環境」とは「自然（界）」、ということになる。だが、これでは「自然の自然的構成要素」と言っているに過ぎず、完全な同義反復なのだ。環境保全の対象になるのは、「自然の自然的構成要素」といった無意味な「自然」などではない。それは、「人間社会の自然的構成要素」というかけ替えのない自然なのだ。

「人間社会の自然的構成要素」、これが厳密な意味での狭義の「環境」である。この点は、環境問題を理解する要諦である。それゆえ、この点いま少し掘り下げておこう。

人間社会が創り出しているものは、根本的には二つある。一つは大小無数の生産物（モノ）である。いま一つは、そのモノを創り出している無数の人間関係である。大は巨大ニュータウンや数万平方キロに

及ぶ植林地から、小は10億分の1メーターの分子半導体に至るまで、そうした無数の創造物であるモノは、自然科学の対象となる物質存在であると同時に、社会関係の物的担い手なのだ。例えば、一本の鉛筆は、ハンノキの軸、黒鉛・粘度の芯からできている。だが、いま私が手にしている1本の鉛筆は同時に、「私の所有物であって、貴方のモノではない」という社会関係＝人間関係をも表現している。人間社会が創り出すモノが自然＝物質存在であると同時に、人間関係存在でもあるという二重性を持っているということは、モノを創り出す人間社会そのものが「物質的自然と人間関係との二重の存在」であることを意味する[注54]。この人間社会という二重の存在世界が、広義の環境または「人間環境」である。人間社会は、人間の観念がでっち上げた空想の世界ではなく、モノそのものとして実在しているのだ。すなわち、人間社会こそが人間にとっての生活世界、環境である。

「自然」は、人間関係と並ぶ人間社会そのものの基本的構成要素だ。にもかかわらず、「自然」は人間社会の「外部」だと言った瞬間から、人間を取り巻く自然＝物質の劣化の問題は、解決し難い問題として棚上げされる運命にあった。

ミヒャエル・エンデは、自然＝物質は社会経済システムの外部にあるからタダだという認識の誤りを糺した、数少ない知識人の一人であった。「私が読んだあらゆる経済理論も、原料はそれが作業過程に入って初めて経済的要因とみなされます。換言すると、地中に眠る原油はまだ経済的要因とみなされないわけです。熱帯雨林は、それだけ

注54　商品財貨に囚われた理解ではあるが、物質的自然と人間関係という人間社会の二重性は、経済学の分野では古来「商品における使用価値と交換価値」の二重性として広く知られていた。アダム・スミスが『国富論』第1編第4章「貨幣の起源と使用について」で「価値」の二重性について語るとき、彼は「商品社会」という限定された形での「社会の二重性」について語っているのである。「注意すべきは、価値という言葉に、二通りの異なる意味があって、あるときはある特定の対象物の効用をあらわし、あるときはその所有から生じる他の財貨に対する購買力を表す、ということである」（大河内一男監訳Ⅰ、1978年、50頁）。ジェヴォンズ、メンガーなどの新古典派以降、客観的な「使用価値」が主観的な「効用」に置き換えられ、価値・使用価値の生産論たる「価値論」が交換価値の量的規定に換骨奪胎されるなかで、「自然」が商品社会の「外部」に疎外されていく。こうした観点からの経済学原理の再構築は、環境創造通貨の貨幣論とともに、これからの課題である。

ではまだ経済的要因ではありません。伐採され、製材されて初めて経済的要因となります。ここで問われるべきは、私たちはあたかも短期的利潤のために、おのれの畑を荒らし、土壌を不毛にしている農夫と同じことをしているのではないかということです。私たちは世界の自然資源が、資源の段階ですでに経済的要因であり、養い育てられなくてはならないことを学ばなくてはなりません」注55。

「世界の自然資源が、資源の段階ですでに経済的要因」だと言うことは、物的資源は地中に埋もれている最初から、「生産・分配・消費」を経て地中に帰る最後まで、終始一貫、社会の物質的構成要素だということだ。つまり、天然の自然から農地、製品在庫、家計のストック、廃棄物に至るまで、すべての物質は社会的な存在なのだ。

実は、この単純な真理に気付くには、「サンク」が登場する21世紀を待たなければならなかったのだ。

ECカードシステムの特徴の一つは、「回収・分別による廃棄物の資源化」が本来の生産過程に先立つ、初期生産過程として位置づけられていることだ。即ち、再生産の概念が「生産・分配・消費（支出）プラス廃棄」から、「資源回収・分別プラス回収資源の再生」という初期生産過程＋「本来の製品生産・分配・消費（支出）」へと拡充されている。このことは、従来の経済観では無視できた廃棄物処理コストが回収・分別という形で資源生産コスト要因に変わった、ということを意味する。

「廃棄物の資源化」とともに、廃棄物処理コストが再生資源の生産コストに変われば、「地中に眠る原油」等々、あらゆる天然の原材料にも、回収・分別という再資源化コスト（初期生産過程のコスト）があらかじめ計上されなければならない注56。地球上のあらゆる資源が、

注55　河邑厚徳ほか『エンデの遺言』NHK出版、2000年、28頁。
注56　石油採掘等の天然資源の採取では、回収・分別という再資源化コストが回避され、埋蔵資源の所有地を所有する者が一種の「絶対地代」を取得する仕組みになっている。資源リサイクルの一般化は、「絶対地代」の廃棄を追っている。

現在のみならず未来の人類を再生産する資源であることを認める限り、地中の天然資源にも再資源化コスト（回収・分別コスト）というコストの存在を認めなければならい。<u>鉱物性資源の再資源化コストへの目覚めは、約30年前のオイルショックに次ぐ「資源ショック」を引き起こすに違いない。</u>

だが、「すべての物質は社会的な存在である」ことを学ぶことが、ひときわ困難な国がある。それは「自然（物質）から峻別された、人間（精神）の文化世界（社会）を学ぶのが社会科学」で、逆に、「人間の精神活動から切り離された、自然界について学ぶのが自然科学」だというアナクロニズムに囚われ続けている国、日本だ[注57]。

しかし、よく考えてみよう。自然 = 物質から切り離されて、意識や精神だけで成り立つ人間社会などありえるのだろうか。すなわち、人間の社会は、自然 = 物質から切り離された架空の世界なのだろうか。このアナクロニズムと結びついた荒唐無稽な用語例が、我が国環境行政における「自然環境」である。

「大気、水、土壌」など、「社会の自然的構成要素」からみた人間の生活空間が本来の「自然環境」なのである。したがって、例えば、大都市内部の田畑が一つの「自然環境」であるように、それぞれの住宅にも、空気、振動、騒音、庭の土壌、水回り、壁・床の建材などの「物質的自然環境」が存在するのだ。

ところが、我が国の「自然環境保全法」（1972年成立）によると、<u>「この法律は、自然公園法（昭和三十二年法律第百六十一号）その他の自然環境の保全を目的とする法律と相まつて、自然環境を保全することが特に必要な区域等の自然環境の適正な保全を総合的に推進することにより、広く国民が自然環境の恵沢を享受するとともに、将来の</u>

注57　「人間と自然」「精神と物質」「意識と存在」との徹底的な分離を説くことで、文化科学（精神科学）と自然科学との完全な切断を試みたのは、リッケルト・ウィンデンバルトに代表される新カント派であった。この学派の世界認識を基に構成されたのが旧制高校の「文科」と「理科」の区分であり、それを今に引き継いだのが、「文科系」「理科系」という日本の大学の区分である。最近「総合系」という区分も唱えられているが、ほとんどは、単なる寄せ集め学部にすぎない。

国民にこれを継承できるようにし」云々とある。一見何の問題もなさそうだが、下線箇所に目を凝らして頂きたい。「<u>自然環境を保全することが特に必要な区域等の自然環境の適正な保全</u>」とある。<u>これは「自然公園その他</u>」[注58]景勝地を守る、ということである。有り体に言えば、「きれいな景色を守りましょう」と言っているに過ぎず、化学的・物理的に傷つけられた都市の物質環境＝自然環境を改善しよう、という志は寸分も見られない。環境政策で最も重要なことは、ショーウィンドー的に「自然環境保全」のアリバイ作りをすることなのでない。景勝地であろうがなかろうが、人間を取り巻く物質＝自然環境を生態系（エコロジー）の原理に学びながら普遍的に改善することなのだ。

　都市、田園、山野を問わず、そうした普遍的な環境改善を明確に掲げ、「住宅や都市計画と環境対策という一見相反するとみられる対象」を担当する役所がオランダにある。「住宅・都市計画・環境省」（Netherlands Ministry of Housing, Spatial Planning and the Environment）である[注59]。こうした省庁のあり方が、オランダを「経済・労働政策・環境政策、公共部門の改革が一体として成功しているモデル的な国」[注60]にした、大きな要因の一つである。他方、日本では自然環境の保全が普遍的な目標になっていないからこそ、最も厳しく保護されるべき国立公園の

注58　「自然公園保護法」（1957年施行）の第1条には、同法の目的として「優れた自然の風景地を保護するとともに、その利用の増進を図り、もって国民の保健、休養及び教化に資すること」（同第1条）とある。数ある自然公園のうち、最も厳しい自然保護の対象となるのが国立公園である。ほかならぬその国立公園内で、10数年間にわたり、危険物資まみれの産廃が大量に廃棄され続けたのが豊島事件であった。豊島事件住民弁護団副団長を務めた大川真郎の『豊島産業廃棄物不法投棄事件』（日本評論社、2001年）を取り上げた日経の書評（2001年8月10日）は、豊島事件についてこう記している。「同事件は、昨年六月に地元香川県との間で廃棄物撤去の最終調停が成立して決着した。住民にとって25年にわたる筋を貫いた運動の成果である。一口に25年と言うのは簡単だが、日常生活に突如として持ち込まれた不条理を取り除く当たり前のことに、これほどの時間を要するのは、国の仕組みに構造的な欠陥が内包しているのではと思わずにいられない」。ここで言われている「構造的な欠陥が内包している」「国の仕組み」とは、「自然環境保護行政」に代表される我が国の環境行政であり、それを支えている「環境認識」である。肝心要めの「環境認識」を等閑に付し、枝葉末節な些事にばかりこだわってきたのが、諸々の環境学であった。
注59　長坂寿久『オランダモデル』日本経済新聞社、2000年、188頁。
注60　前掲竹内『環境構造改革』13頁。

なかですら、産業廃棄物で汚染し尽くされるなどという、先進国では考えられないことが起こりうる。

アリバイ作りのための「自然環境保護行政」などはいらない。求められているのは、「持続可能社会を展望できる」普遍的な環境政策なのだ。

2 | 不安の根源(2)：社会構成・経済構造・政治

(1) 社会構成の問題

貨幣によるサービス（商品）の取引である限りでは、学校、病院、行政機関も、サービス提供業者としては市場セクターの一員である。もし、市場セクターに属する企業・学校・行政機関と家計しか存在しない社会があるとすれば、それは、お金を稼ぐ「業者」には好都合であっても、「生活しにくい」社会であることは間違いない。近代市民社会は、商品所有者が商品交換によって相互に私的所有者として承認し合うことで、社会の正当性が保証される社会である。商品交換の中には、労働力と貨幣資本との交換も含まれている。資本主義の発展、そして、労働力人口の拡大とともに、勤労市民の「生活の質的改善」に向けた多様な欲求が顕在化する。欧米で地域コミュニティーの維持のために無償で働くボランティアの伝統は、「生活の質的改善」を求める市民層——神との平等な契約（Testament）によって自立の精神を教えられた私的所有者——の広がりがあってのことであった。

しかし、官界・民間を問わず「業者としての資格が生活者としての資格」を圧倒する、「業者天国」日本の本質[注61]は未だ少しも変わって

注61　豊島事件当時の香川県知事・前川忠夫は、1977年2月、前科11犯のにわか産廃業者に産廃処分場への事業認可を与える目的で豊島に出向いた際、現地で次のように発言したという——「迷える子羊も救う必要がある。事業者は住民の反対にあい、生活に困っている。要件を整えて事業を行えば安全であり、問題はない。それでも反対するのであれば、住民のエゴであり、事業者いじめである。豊島の海は青く空気はきれいだが、住民の心は灰色だ」（「豊島事件と産廃問題」http://hiroko.s11.xrea.com/x/main/act_locally_1/act_locally_1-33.htm）。前川のこの発言ほど、日本の行政の本質を伝えるものはないだろう。

いない。破天荒の速度で少子高齢化が進行するなか、一見気楽に生きているかに見える青少年・高齢者の抱える不安はいかほどであろうか。

(2) 経済構造の問題

　いまの日本では、マンション（ビル型団地）であれ一戸建てであれ、個人の住宅は、築後わずか30年前後で建て替えなければならないのが普通だ。少し古い数字だが、日本の中古住宅の流通量はアメリカのわずか3.2％に過ぎない（1993年）。日本の新築住宅着工数はアメリカより10％以上多いにもかかわらず、である（96年）[注62]。人生の物的基盤とも言うべき住宅をも使い捨てにする社会！

　日本の建築技術が劣っているわけでなければ、我が国の建材が物理・化学的に特に劣悪なわけでもない。現存する建物の存在を無視し更地（何の建物も建っていない土地）だけを不変の財産だと考える公示地価制度、すなわち、土地本位制という社会システムこそが、建築物を短期間で陳腐化する元凶である。地価優先経済のもとで、バカ高いローンを長期間組んで手に入れる住宅。それがたったの30年で陳腐化し、バブル崩壊後はローン返済中に売却すれば莫大な借金だけが残る代物だ[注63]。それを避けるために、ほんの一時的なつもりでサラ金からカネを借りる。そして借金地獄に陥る[注64]。こういう不条理は、誰が考えても分かり切っているはずである。

　にもかかわらず、この不条理に歯止めがかけられないのは、我が国

注62　日本経済新聞、200年7月17日付。山本孝則著『新人間環境宣言』丸善、2001年、8頁参照。
注63　リコースローン（recourse loan）とは、融資資金の回収が担保物件の処分を越えて、借り手のその他の資産や将来の収入、さらには保証人にまで遡及することを前提として行われる融資である。土地神話が崩れ地価下落の止まらない現状に即して言えば、金融機関が担保不動産を処分しても未回収金が残り、借り手（保証人）が破産しないかぎり金融機関の返済請求が続くことになる。詳しくは、拙稿「日本再建の鍵を握る融資システムの転換──リコースローンのシステム崩壊と『過渡期の経済再建』スキーム」（『環境創造』第2号、2002年参照）。
注64　その最たるものが、バブル崩壊で露と消えた宅地代金をいまも高額ローンで払い続けている「バブル住宅」を買った人々や、神戸大震災で二重ローンを抱えた人達だ。是非、島本慈子『倒壊──大震災で住宅ローンはどうなったか』ちくま文庫、2005年（単行本、1998年刊）を一読願いたい。

の労働人口の1割以上（500万人以上）が建設業界で働いているばかりか、建設業界を起点に国内需要が回っている事実を皆、それなりに知っているからだ。建設業界起点の「何でも使い捨て」に代わる、新しい経済構造が見えないから、土建経済から離脱できない。

(3) 政治（統治主体）の問題

この国には「政治」がない。少なくとも市民生活のための政治は、2005年初頭の現在まで、ついに生まれなかった。平成（1989年）に入ってからの首相在職者数が何と11人で、平均在任期間が1年半にも満たない。にもかかわらず、戦後日本の「官民一体の業者天国」が安泰だったのは、官僚支配が一貫して維持されてきたからである。この国は、縦割り「省庁の決定」はあっても、「政府の決定」というものは存在しない[注65]。省庁の行政はあっても、政党政府の政治は存在しない——中央でも地方でも、議会は行政のイチジクの葉に過ぎない。

市民生活のための政治がないことの不安が、「よい学校を出て出世し、お金を増やす」（中島早苗）こと以外には本気で取り組めるものを持たない、無気力・無使命感・無感動人間を量産する。

3 主戦場は社会的分業としての産業構造

日本の合計特殊出生率は1.29で、G7の中ではイタリアとともに群を抜いて低い（2003年）。対して、自殺率（10万人中）は25.1人で、G7のなかでは断然1位だ。一人当たりGDPも、35,620ドルでこれまたG7中ダントツの第1位（2002年）[注66]。こうした統計数字の信憑性の問題は別にしても、衆議院議員・野田聖子ならずともこんな国は「どこかおかしい！」と思わない方がおかしい。

注65　小沢前掲『21世紀も人間は動物である』145頁参照。
注66　Cf. *Aktuell 2003 Fakten Rankings Analysen,* Harenberg LexikonVerlag.

しかし、誰もがおかしいと思いながら、その正体をだれも正視してこなかったように思える。その正体を見極めるのは、そんなに難しいことではないにもかかわらず、である。

　<u>一人当り GDP が G7中最大（世界全体でも第 4 位）だということは、一人当りの産業の活動規模が最大だ、ということである。行政も、権力的な要素を除けば、税を対価とするサービス業の一種、広義の産業と見ることができる。他方、出生率が最低、自殺率が最高ということは、我が国の広義の産業は規模的には G7中最大だが、市民生活への貢献度から見ると最低だ、ということ</u>を意味する。個人の自己救済にはつながっても、社会的なスケールの幸せには結びつかない、世にも珍しい人間の営みがここにある。

　バカ高い地価、たった20～30年で陳腐化する住宅のために、日々懸命に仕事（産業活動）に励みながら、それが全くと言っていいほど日常生活の質的向上に結びつかない。社会の成り立ちを考えれば、まず最初に存在するのは「産業」で、これは世界共通だ。だが問題は、どんな産業かだ。会社や役所という「業者仲間の存続・拡大という目的のためにある産業」なのか、「一人ひとりの市民生活の質的向上という目的のための産業」なのか。これこそが問題なのだ。

　前者を「<u>組織・業界の維持存続を目的とした産業</u>」、後者を「<u>市民生活のための産業</u>」と呼ぶとすれば、日本人を不安の金縛りに追いやったのは、依然として「組織・業界のための産業」が一人歩きし、先進国では当たり前の「市民生活のための産業」が見えてこないことである。そんなバカな、とお考えの読者もおられるだろう。そこで、2004年 8 月29日の NHK スペシャル「避けられた死」で紹介された「ドクターヘリ」のケースを挙げておこう。

　救急医や看護師がヘリコプターに乗りこんで救急現揚に駆けつけることで、早期の適切な治療機会が増え、結果的に死亡率が大幅に低下する。ドクターヘリが普及している欧米の国々では、官民の連係プ

レーで「避けられた死」が広がっているという。

しかるに我が国では、2001年に厚生労働省が始めた「ドクターヘリ導入促進事業」は、制度上の規制、予算などの理由で、一向にはかどっていないという。予算上の理由とは、ヘリの飛行は運輸上の「行政サービス」であって、「医療行為」ではないから、社会保険（健康保険）が使えないことだ。「導入促進事業」への国の二分の一補助はあっても、残りは都道府県の負担になるので、財政逼迫の都道府県はそれどころではない。

いま一つの制度規制の最たるものは、高速道路などへの着地規制である。2003年6月23日に東名高速道路で起きた玉突き事故では、愛知県と静岡県の2機のドクターヘリが飛来したが、高速道路上の着陸を日本道路公団から許可されなかった。ヘリコプター2機は到着約10分後に近くの空地に着陸したが、1分1秒を争う救急現場で時間をロスした結果、17人の負傷者中4名が死亡した[注67]。「人の命を無視してまでヘリコプターの着陸を拒否するのはなぜか。二次災害が起こったときの責任を取りたくない」のか、あるいは、道路公団の官僚達は高速道路は公団の私有物と考えているのか、そのいずれかだと航空医療に詳しい識者は言う[注68]。

「ドクターヘリ導入促進事業」一つとっても、これを本当に実現しようと言うなら、内閣のイニシアティブのもとに、各行政機関が連帯しなければ不可能だ。関係してくるのは、厚生労働省、国土交通省（道路公団）、警察庁、財務省、総務省、消防庁に各都道府県、県警本部、市町村だ。しかし、「官僚は省庁横断的な改革を行いたくない、というより〔そういう〕発想すらできない」。ここでも、障害は「官僚の縦割り思考」である。「所管する産業の保護に最大の力点を置く官僚は、産業構造を変えること自体に反対だからだ」と指摘するのは、

注67　日本経済新聞2003年11月4日記事等を参照。
注68　ドクターヘリについては西川渉・講演録「翔べ、ドクターヘリ」（http://www2g.biglobe.ne.jp/~aviation/tobe.html）を参照。

元通産官僚の堺屋太一だ[注69]。

　政治を形骸化するパワーを持つ高級官僚が「所管する産業」を最大限保護し、「産業構造を抜本的に変えること自体に反対」する。とすると、官僚をコントロールする政治が存在しないこの国では、「組織・業界の維持存続を目的とした産業」から「市民生活のための産業」へ転換することなどは、未来永劫にかなわぬように見える。

4 社会形成型地域通貨の意義

　しょせん個人は組織の歯車に過ぎない。団体や組織が変わらなければ、何事も変革などおぼつかない。こうした団体・組織への畏敬の念と「個人の非力さに対する確信」は、この国では度し難いものがあるように見える。では、産業のあり方を「業界のための産業」から「市民生活のための産業」へと転換する、希望の灯はどこかにあるのだろうか。それは分かりにくいのだが、確かに存在する。問題解決の鍵は、お金の機能に隠されている。

　価値尺度機能を別にすると、貨幣（money）には大別して二つの機能がある。①無数に分化している社会的分業を「市民生活の営み」という一点で結びつける流通手段機能、そして、②貨幣が商品の売り買いの世界から離脱することで生まれる「財産としての貨幣」の機能である。このうち、①の流通手段としての貨幣が「通貨 currency」である。ちなみに、資本とは「自己増殖する財産」であるから、②「財産としての貨幣」の機能が発展したものと言ってよい。その貨幣の資本機能に鋭く対立するのが、流通手段機能である。資本とは、一定の貨幣元本とその増加分とが循環過程で「価値増殖という自己内関係」をつくる運動主体である。だから、一定額の資本は常に会社など、資本所有者の手元に存在する。他方、通貨とは、無数の商品生産者を

注69　堺屋太一「10代で出産し、70歳まで働く社会を」、『エコノミスト』2004年8月31日号、74頁。

図表Ⅵ-1　資本主義のオカネと市民社会のオカネ

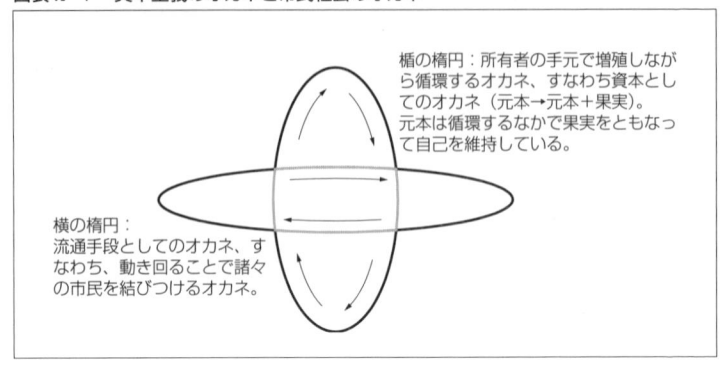

楯の楕円：所有者の手元で増殖しながら循環するオカネ、すなわち資本としてのオカネ（元本→元本＋果実）。元本は循環するなかで果実をともなって自己を維持している。

横の楕円：
流通手段としてのオカネ、すなわち、動き回ることで諸々の市民を結びつけるオカネ。

結びつける「相対的な交換媒介者」（生産者と消費者、販売者と購買者など）であり、「市民社会のお金」である。それは一定の貨幣片（紙切れ・コイン）として、市民社会のあちこちを動き回るお金である。

　実は、現実の「国民通貨」は上記二つの機能を併せ持つがゆえに、「市民社会のお金」（流通手段機能）は資本機能によって圧倒されてしまう。何しろこの世の中、目指すは自由・平等・博愛の市民社会であっても、社会全体を動かしているエンジンは、利益の蓄積を目的とする資本主義なのだから。「財産（資本）としての貨幣の機能」を制御・誘導できる、「市民社会のお金」（本来の通貨の機能）が回復されねばならぬ根拠はここにある。

　だが、日本円を仕切っている日銀や日本政府には、「市民社会のお金」（本来の通貨の機能）を強化するという発想すらなければ、その手だてもない。市民が自ら運営する社会形成型地域通貨の助けを借りる以外には道はない。社会認識・社会構成・経済構造の問題に加え、政治不在など、底の見えない不安要因を抱える我が国の場合、社会形成型地域通貨の果たす役割は、他の先進諸国と比べると比較にならな

いくらい大きいのだ。

　ECカード「サンク」が描く循環の世界は、日本の現状が大きく変革する可能性を秘めている（前掲**図表Ⅲ**-1参照）。以下その可能性を三点にわたり、まとめておこう。

　第一点は社会認識の問題である。ECカードシステムでは、「人間の環境」とは社会システムであり、それは「社会の自然的構成要素」とともに「社会の人間関係的要素」から成り立っていることが明確にされている。

　揺り蚊（ゆすりか）注70や昔蜥蜴（むかしとかげ）注71の環境について語るのであれば、話は別だ。だが、いやしくも「人間の環境」について語るのであれば、それが「社会の自然的構成要素」のみならず、産業、企業、家計、経済循環、インフラ、文化等々の「社会の人間関係的要素」という二重性を帯びていることは、あまりにも自明なことである。

　ECカード「サンク」では、「働く市民」「市場セクター」「市町村自治体」など、現行社会経済システムの「社会の人間関係的要素」が緊密に結ばれているばかりではない。有価廃棄物の集積・分別・資源化・製品化の流れや、「住宅・ビル」「エコ住宅」などの物的ストックの維持・蓄積を通して、「社会の自然的構成要素」の保全の問題も、社会システムの問題の一環として明確に位置づけられている。

　第二点は社会構成の問題である。ECカードシステムでは、コミュニティー・ボランティアセクターが、「市民社会の地域共同性」を具体化する場所として位置づけられている。市民社会の地域共同性こそは、「サンク」循環の基本理念である。

　「市民社会の地域共同性」とは、聞き慣れない言葉かもしれない。

注70　揺り蚊──「ハエ目ユスリカ科の昆虫の総称。蚊に似るが小さく、より軟弱で、静止の時前肢を挙げる。吸血せず、夕刻群れをなして飛ぶ。幼虫は『あかむし』『あかぼうふら』で、釣の餌とする」（『広辞苑』第5版）。
注71　昔蜥蜴──「ムカシトカゲ目の爬虫類。現存種はニュージーランドの小島に1種のみ。全長約60センチメートル。昼間は海鳥と同じ穴にすみ、夜活動して昆虫などを食う。低温に強い」（同上）。

ヨーロッパの街ならどこでも見かける、アメニティ広場（Platz、place、plaza）をイメージしてもらえばわかりやすいだろう。それは、市場広場であったり、農民マーケットとして親しまれたり、駅前広場であったり、泉広場（Brunenplatz）であったり、それこそ形は様々だ。こうした広場は、諸個人の生活にとっては、道路や水道のような絶対に必要な施設というわけではない。現に、「業者天国」日本では、アメニティ広場などほとんど見かけない。しかし、それは、人が市民としてお互いにコミュニケーションを交わすには、絶対に欠かせない都市空間である。

市民という社会的人格の本領は、家庭・職場・学校などの基礎的社会集団から独立した、自由な人格相互の交流と活動にある。自由な交流の精神を育む場が都市広場（市場広場）であり、自発的な活動の具体的なあり方がコミュニティー・ボランティアである。

キリスト教教区という、独自の小地域を住民自治の単位として持つ西欧諸国では、ボランティア活動は「教区」を単位として、教会や市役所前の広場などを舞台として展開された。市民創造（ヒト）と資源創造（モノ）を目指す「サンク」の運動は、市民広場やキリスト教区の伝統のない我が国で、「いかにしてコミュニティー・ボランティアセクターを実体化できるか」への挑戦である。宗教的な社会統合力、経済利害による社会統合力に代わる第三の社会統合力──それが「地域的利害」であり、環境創造通貨「サンク」が具体化すべき社会力である。

第三点は経済構造の問題である。ECカード・サンクは、「フローでは経済大国、ストックでは経済貧国」という日本経済の根本矛盾を解決する糸口を与えてくれる。

根本矛盾とは、「巨大な国民所得が国民ストックの蓄積に結びつかない」という不条理である。国民が働けば働くほど、天文学的な国家債務が膨らみ、行き場のない巨大な建築廃材が日々生まれる。こんな

不条理がいつまでも続いていいわけがない。

「市民生活の質」という問題に絞れば、敗戦から今日に至る日本の経済構造の問題性は、「年々の国民所得が生活インフラとして蓄積できない構造」という一点に帰着する。すなわち、国民の年々の労働の成果たる国民所得のうち、年々ストックとして貯えられた累積分が国富だが、その６割近くが実体のない架空の数字、すなわち地価に吸収されてしまう。逆に、西欧や米国では国富の７、８割を占める住宅・建造物は、日本ではわずかに35〜40％に過ぎない。しかも、国富のわずか３、４割に過ぎない住宅・建造物が、たった20〜30年で巨大廃棄物と化し、各地で深刻な廃棄物処理場紛争を引き起こしているのだ。

これでは、われわれは「一体何のために働いているのか」という根源的な疑問に悩まされながらも、刹那的に生きるしかない。すなわち、「モノ・カネ・ヒト、何でも使い捨て社会」に溺れるしかなかったのだ。人は限度を越えた不条理の前では、本質的な問題については思考

図表Ⅵ-2　フライブルク市・リサイクルセンターの「家庭用品リユースコーナー」と、そこで買い求めたアヒルの「アヤベ」

（2004年９月山本撮影）

を停止する。

　モノの観点から見れば、ECカードシステムは、これまで簡単に使い捨てられていたモノを「地域社会全体の公共的ストックに転換し、これを維持し続けるための社会システム」といってよいだろう。ここでいうモノには、リユースされるべき「不要品」、資源リサイクルに回される「有価廃棄物」、十分なメンテナンスがあれば半永久的に利用できるはずの「中古住宅・ビル」が含まれている（**図表Ⅲ-1参照**）。

　実は、モノを使い捨てるということは、モノに託された自分の人生を使い捨てにしている、ということなのだ。死に急ぐ若者や高齢者には、使い捨て社会の正体が見えていたのかもしれない[注72]。モノ・命の〈使い捨て社会〉からモノ・命の〈使い活かし社会〉へ転換する鍵を握っているのは、環境創造通貨「サンク」を使うことの歴史的・社会的な意義を理解した人間だ。それはほかでもない、貴方であり私なのだ[注73]。

注72　警察庁のまとめによると、2003年の自殺者は3万4,427人で、前年比2,284人（7.1％）増となった。特に中高年男性を中心に「経済、生活問題」が理由とみられる自殺が増加している。
注73　〈使い活かし社会〉という聞き慣れない用語は、グンター・パウリの「ゼロエミッション」を「もの活かし」と捉え直した貫隆夫に負っている（前掲『環境創造フォーラム年報』第4号、37頁参照）。

Section VII

出発への旅──イエテボリ・イェルボから東京・高島平へ

Environment Creation Currency

1 日本的インテリジェンスを卒業しよう

　異常な熱波に覆われたコンクリート・ジャングルの街、東京を離れ、山本がスウェーデン第二の都市、イエテボリにたどり着いたのは、2004年9月初旬のことであった[注74]。地球温暖化とはこういうものかと思わせる猛暑を後に、初めて訪れるイエテボリ市街の赤い屋根、森の緑、湖水の青さは、どこまでも鮮やかで澄んでいた。

　だが、この日本の息苦しさの正体はいったい何なのだろうか。異常高温とは別に、即座に思い当たることが二つある。
　一つは、何か事を進めようとすると、圧倒的な力で立ちはだかるのは、何でも細分化する「徹底した縦割り思考」だ。それぞれの「立場」からの「正確な分析」と「正しい手続きの検討」に明けくれているうちに、あらゆる問題の所在が分からなくなってしまう。これについては、改めて屋上屋を架す必要はあるまい。いま一つは、何かに前向きに取り組もうとすると、どこからとはなく聞こえてくる「言い

注74　異常に暑かった2004年の夏は、地面が暖まっているため、夜になっても気温が下がらない現象を指す「スーパー熱帯夜」という言葉が生まれた。甲府では7月20日、観測史上最高の39.9度、東京でも都内としては史上最高の39.5度を記録し、日本の熱帯化が確認された（「気象人」http://www.weathermap.co.jp/kishojin/diary/200407/20040720.php3）。東京都環境科学研究所の後日のデーター集計によれば、同日の最高気温は、足立区江北の41.8度をはじめ、都内8カ所で40度を越えていた、という。

図表Ⅶ-1　丸の内・丸ビル最上階から東京駅方向を臨む

（2004年10月、山本撮影）

図表Ⅶ-2　SAS機内からイエテボリ上空を臨む

（2004年9月、山本撮影）

訳」だ。

　例えば、なぜ日本はドイツやスウェーデンの「住民本位」の街づくりから多くを学べないのかと問えば、ヨーロッパと日本とを安易に比較するのは間違いだ、という声が聞こえてくる。曰く──「自然条件が違う」「都市の来歴が違う」「歴史の発展段階が違う」、人口や都市の規模などの「前提条件が違う」「紙と木の文化と石の文化との違いだ」等々。

そうした「違い」は、歴史的過去であったり、国土や気候などの自然条件であったりと一見多彩だが、「人知の及ばぬ宿命的な条件」と考えられている点では同じだ。だが、「違いが分かる男（女）」が不思議と避けているのは、人知の及ぶ経済・政治・経営の世界だ。何をもって善政というべきかについては色々の考えがありえるだろう。だが、「世の中を治め、人民の苦しみを救う」経世済民こそが政治の理想であることに、異を唱えるものはまずいないだろう。もともと、我が国の「経済」という言葉は、そういう意味だったはずだ。

　<u>「経済」の実現に向け為政者が人知を尽くして努力するか否かは、「歴史の発展段階」、「経済の生産力段階」、あるいはまた気候風土の如何とは、全く別の問題である</u>。西欧にも悪政の事例にはこと欠かないし、日本にも善政の事例はいくらでもあるだろう。また、洋の東西を見渡せば、広く顧客・従業員など様々なステークホルダーの幸福に努め、世の信頼を勝ち得た名経営者も、少なからず存在する。

　いまの日本では、「条件の違い」が「できない、やらない」を正当化する言い訳のネタにされることが、あまりに多すぎないだろうか。言い訳文化の根っこは、物事をどんどん細分化させ、「違い」だけを際立たせる縦割り思考である。例えば、ここに「国の重要文化財」に指定されている歴史的建物があるとする。すると、それは街並み景観の一部であるという建物の本来の意義は一切顧みられることなく、「重要文化財」という一点のみがクローズアップされる。

　歴史的街並みの保全やその創造は、本来、都市計画の重要任務の一つのはずだ。例えば、昭和9年築の明治生命館は昭和を代表する名建築である。ところが、その名建築はいまでは「都市の街並み」から切り離され、巨大ビルの中で見せ物小屋のように「重要文化財」として「保護」されている（**図表Ⅶ-3参照**）[注75]。かくして、都市の物理

注75　保存前の明治生命館の外観と設計者・岡田信一郎については、次のHPで知ることができる。
　　　月刊岡田信一郎 http://homepage1.nifty.com/tanboh/okada00.htm 及び明治安田生命 http://www.meijiyasuda.co.jp/

図表Ⅶ-3　重要文化財・明治生命館（1934年竣工／1998年重要文化財保存措置）

的・生態的機能、社会的機能、歴史的景観、審美性、保安・安全性など、市民生活を構成する様々な有機的諸契機が切り離され、ちぐはぐを極めた珍妙な巨大都市・首都東京ができあがった。

その結果は、都市の様々な諸契機を結びつけてゆく統合力とも言うべき「市民生活の場」の破壊である。国立（くにたち）マンション訴訟で、東京高裁判決はこう言い放ったのであった。すなわち、環境や景観は「行政を通じて維持されるべきものであつて、私人間に偶発的に発生する紛争の解決を通じては、有効かつ適切に維持されるとは解されない」[注76]と述べ、住民主体の景観運動に一切の価値を認めない判断を示した。さらには、「我が国においては、景観に関する利益、環境のいずれについても、裁判規範となる立法はされていない。（中略）このことは、我が国においては、これを司法裁判所によつて維持すべきものとする国民の需要が立法を促す程には強くないことを示すもの

注76　国立マンション紛争東京高裁判決文より（2004年10月27日）。
　　同訴訟は、国立市の通称「大学通り」に、明和地所が高さ14階建て（高さ44メートル）のマンションを建設したことに対して、住民側が訴訟を起こしたもの。市は通りの並木（高さ20メートル）との調和する建築を要請したにもかかわらず、明和地所側は大幅に高層の建築を強行した。
　　一審の東京地裁では、高さ20メートル以上の部分撤去を求める判決を下したのに対して、明和側が控訴したもの。

である」と、景観に関する明文化された法律がないことを根拠に、なかば判断停止を決め込んでいる有様だ。

　人々が「業者」「役人」「労働者」「経営者」等の資格で生きている社会では、「経世済民」も「市民本位の街づくり」など、ないものねだりといわざるをえない。だが、逆に考えれば、自覚的であれ無自覚的であれ、「市民の日常生活」が社会の基本的価値に据えられれば、ただそれだけで、経世済民のための自由な街づくりの発想が開けてこよう。<u>「市民の日常生活」を基本的価値とする社会とは、あらゆる職業活動は万人の私生活の質的向上のために存在し、逆に、人々の上質な私生活は訓練された職業活動によって支えられる、という関係が成立する世界である。</u>

　だが、話はそう簡単ではない。日頃、カネがあふれかえっている東京の繁華街の喧噪と、「市民の日常生活」の貧しさのギャップが不思議でならない素人のＡと、まちづくりの専門家Ｂとの対話を聞いてみよう。

> Ａさん「緑豊かなトランジットモールや、オープンカフェのある都市広場など、アメニティ空間が東京では皆無に近いのは、一体なぜなんでしょうか」
> Ｂさん「出来ないからです」
> Ａさん「なぜ出来ないんですか」
> Ｂさん「東京には『やれる条件』がないからです」
> Ａさん「東京では、その『やれる条件』とやらを創れないのですか」
> Ｂさん「創れません。それは、人が勝手に作り替えられない自然条件でもあるし、過去から連綿と続く歴史的条件でもあるからです。」
> Ａさん「そのご意見、一見もっともらしいけど、どこかおかしいよ」

　Ｂさんの議論のどこに落とし穴が潜んでいるかは、明らかだろう。「歴史的条件」や「自然条件」を不磨の大典と見なし、そこで思考を停止させているのである。これは決してＢさんに限ったことではない。

日本の知識人の、特に、ハイレベルな人達の常識的な考え方と言っていいだろう。確かに、人は過去の歴史を勝手に改ざんすることも、山岳・大地や大洋のような「原自然」を創ることもできない。だが、新たな歴史を築いているのも人間なら、「原自然」に働きかけ、それを日々改造しているのも人間だ。問題は、どんな方向で自然を改造し、歴史を創造するかだ。人間は、どういう方向で自然を改造し、何を重視した社会を目指すべきかを、自ら選びとることができる。100％自由というわけにはゆかないが、少なくとも、自然改造と社会形成に際して何を重視すべきかは、主体的に選び取ることができるのだ。Aさん達「素人」にはよく見えているが、Bさん達専門家には見えていないのは、この単純な事実ではなかろうか。

　そんな疑問が脳裏をよぎりながら、現代の「経世済民」を求めてのイエテボリの旅、二日目が始まった。

2 現代の経世済民──「イェルボ・ボースターデン」と「イェルボ・フォーラム」

　2004年9月7日午前10時、イエテボリ在住のシュールベリ阿部布由子さんの紹介で、イェルボ住宅団地の管理会社社長のウェルナーソンさんを訪問する[注77]。

　21世紀初頭の現在、世界的な高度成長期である60〜70年代に各国で一斉に建設された巨大住宅団地は、物理的な傷みとスラム化という二重の危険にさらされている。日本最初の郊外型ニュータウン・千里ニュータウンの骨格の「完成」が1970年、同じく郊外型の多摩ニュータウンの入居開始が1971年、高島平団地のそれが翌72年であった。いま、たったの30年余りで、これらの団地に老朽化とスラム化の足音が忍び寄っている、という。

注77　ちなみにイェルボは地名、ボースターデンはスウェーデン語で「住宅」のこと。

図表Ⅶ-4　市電ライン4・8・9が通るイェルボ駅

(2004年9月、山本撮影)

　筆者の大規模団地問題への開眼は、ふっとした偶然からだった。勤務校の本部校舎が高島平団地（東京都板橋区内）の高層棟と隣接していたからだ（図表P-2参照）。高島平に拠点を置くNPO主催のワークショップに招かれ、高齢化率25％以上、賃貸住宅部門で空き室500戸という高島平団地の現実を知った。これが筆者の「大規模団地問題」を自分自身の問題として受け止めるきっかけとなった。大規模団地と同様に、戦後日本の高度成長の産物である私立大学に身を置くものとして、人ごとではなかった。団地住民の相当数は、戦後高度成長を担った団塊の世代だ。そして、国立大学でも定員割れが起こり、合併が進む時代だ。大学もまた巨大団地同様、抜本的な再生か無惨な自滅か、いまともに、その岐路に立たされているからだ。絵に描いたように、戦後高度成長の典型である私立大学と大規模公団団地とが寄り添うようにしながら「最後の審判」の瞬間を待っている。

　それでは世界の環境・福祉先進国であるスウェーデンでは、一体どうやって「持続可能な団地」が成り立っているのだろうか。そういう問題意識から訪問したイエテボリ市のイェルボ団地も、いまから30年前に誕生した大規模集合住宅団地の一つだ。市の中心部から路面電

車で北に20分ほどで、緑の森に囲まれたイェルボ住宅団地に到着する。そこは主として5階建ての低中層建築が中心の中規模団地であった（**図表Ⅶ-4参照**）。

　当初は、同じイエテボリ市内の「ゴードステン団地」でヒアリングさせて貰うつもりでいた。しかし、同団地は日本でも広く紹介されたことで、見学者が押し寄せたためだろうか[注78]、「定期見学会に参加して欲しい」と、体よく断られてしまった。そこで、「ゴードステン団地」に匹敵する住宅団地を探してくれたのが、シュールベリ阿部布由子さんだった。阿部さんは、イエテボリ大学行政学部に学びながら、多方面で活躍している才女である。ドイツ語・ドイツ文化専攻の阿部さんとは、学部・研究科は違うが、大学の同窓という縁もあってか、筆者のイエテボリ滞在が実り豊かなものになるよう、様々な形で支えてくれた。その一つが、イェルボ住宅団地を紹介してくれたことだった。

　団地構内の見学を含め、3時間ほどの限られた時間ではあったが、団地管理会社社長・ウェルナーソンさんのお話は、恐ろしく衝撃的であった。言い訳の代わりに計画的な実行が、ノルマ消化のための「アリバイ作り」の代わりに目標達成への熱い意欲が、話の端々に伝わってきたからだ。会社の案内文書の表紙には、次のように書かれている。「新しい住宅管理会社は、この傷つきやすい地区でいかにして成果を上げることができるのか」、と。

　イェルボ住宅団地の簡単なプロフィールは次の通りである。
　(1) 全体の敷地面積：158,000m^2
　(2) 居住住民総数：6,500人
　(3) 住戸の自己所有・賃貸の別：賃貸住宅
　(4) 賃貸住戸の総戸数：2,300戸。うち95％を自治体出資会社で

注78　山岡淳一郎『あなたのマンションが廃墟になる日』草思社、2004年、255〜258頁参照。

あるイェルボ・ボースターデンが所有。
(5) 外国人比率：85％以上が外国出身者で、出身国の数は85にも及ぶ。
(6) 有給雇用者の就業率：2002年の28％から2003年には39％に上昇している。

特に目を引くのは、(5)の外国人比率と、(6)の就業率の向上だ。外国人比率が高いところでは通常、就業率が低くなるのが一般的だ。一体、イェルボ住宅団地ではどうやって外国人の就業率を引き上げたのだろうか。ウェルナーソンさんによれば、それには三つの方法があるという。

(a) イェルボ・ボースターデン（住宅管理会社）がみずからテナント（借家人）を雇用する。仕事は主として、保安パトロール、建物や構内施設の補修工事である。
(b) 団地管理人としてのトレーニングの実施。
(c) 住宅団地会社にサービスを提供している会社での雇用。

特に、(a)で指摘した住宅管理会社で働く外国人の比率が、99年の5％から2000年の33％へと急上昇している点は特筆に値する。「住宅

図表Ⅶ-5 中庭のバーベキュウ台でポーズをとるウェルナーソン社長

図表Ⅶ-6 トルコ人のテナントと言葉を交わすウェルナーソン

（2004年9月、山本撮影）

管理会社によるテナントの雇用」という自由な発想こそは、現代の経世済民術そのものと言えないだろうか。縦割り主義の逆を行くウェルナーソン社長の挑戦が、極東から来た一外国人の目には、どこまでもまぶしい初秋の一日だった。バーベキュウ・パーティのできる中庭は、複雑な多民族世界である団地の重要なコミュニケーションスペースである（図表Ⅶ-5参照）。気さくに外国人住民に声をかけるウェルナーソン氏の、バーベキュウ・パーティでの様子が目に浮かぶようだ。

3 | 生活・産業・文化の関係──死んだ世界と活きた世界

　イェルボ・ボースターデン管理会社が始めたことは、縦割り行政や市場の論理によって断たれた、「日常生活の全体性を回復する試み」と言っていいだろう。すなわち、住む、食べる、働く、集う、憩う、語り合う、学ぶ、遊ぶなど、本来「生活」が持っていた「総合性」を復元する試みである。

　生産力の低い産業革命以前の社会では、生活時間の大半は労働に費やさざるをえなかった。したがって、労働そのものも、労働に潤いを与える「文化」も、「生活」から切り離されることなく、「生活」の中にとけ込んでいた。日本民謡の馬子唄（まごうた）やドイツのマイスター「歌合戦」などは、その典型だろう。

　産業革命に始まる市場経済（社会的分業）の発展は、「生活」の中にとけ込んでいた労働を様々な分野に細分化し、産業労働（職業労働）として「生活」の外部で自立化させた。労働が産業労働として生活の外部で自立化するのにともない、文化もまた、「生活」から切断された産業（職業）として自立化するに至る。

　「死んだ切り裂かれた世界」では、すべての起点になるのは「産業」である。ここでは、起点である「産業」が、「生活」や「文化」

図表Ⅶ-7　生活・産業・文化の関係から見た二つの世界

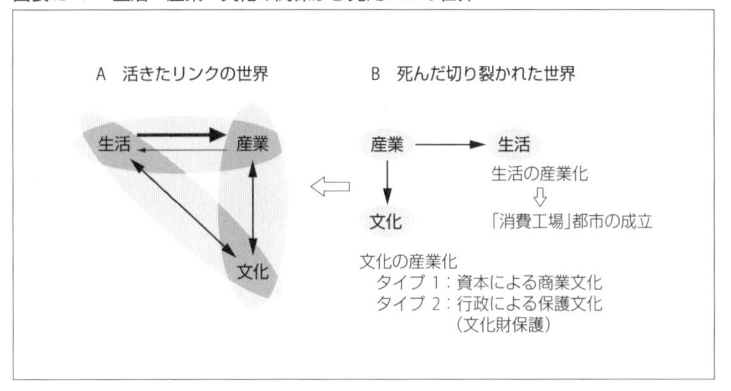

```
    A 活きたリンクの世界           B 死んだ切り裂かれた世界

      生活 ←→ 産業              産業 ――――→ 生活
         ↖  ↗                    ↓        生活の産業化
          ↕          ⇐           ↓           ⇩
          文化                   文化      「消費工場」都市の成立

                              文化の産業化
                                タイプ1：資本による商業文化
                                タイプ2：行政による保護文化
                                       （文化財保護）
```

を産業（商業）化する方向で一方的に作用する。物事を動かすエンジンは常に、「産業界」の側にある。四六時中弁当に依存するコンビニ・ライフ、マスコミを舞台とする商業文化、見せ物と化した「文化財保護文化」、生活から切断された「芸術文化」などは、紛れもなく《生活や文化の産業化（商業化）》である。

図表Ⅶ-7のBの世界は、「産業」から「生活」へ、「産業」から「文化」へと、常に産業の側から一方的なエネルギーが働くだけの、一方通行の世界なのだ。だが、そればかりではない。「産業」と「生活」、「産業」と「文化」がそれぞれ一方通行であるがゆえに、「生活」と「文化」は疎遠に切断されている。歌舞伎も能楽も狂言も茶道も華道も、それらは保護されるべき「歴史的文化」「歴史的芸術」として敬われ、職業の分野として尊重されても、普通の市民の日常生活とは何の接点もない。

ひとたび「生活」が歴史的文脈から切断されてしまえば、「生活」の産業化＝商業化は止まるところを知らない。個人としての人間の自発性が根こそぎ否定される。総合性や共同性という、人間生活の本質回復に向けた自由な自発性が否定される。こういう世界は、「死ん

だ切断の世界」であり、こういう文化には「実がない」[注79]。

　われわれは、「生活の産業化（商業化）」「文化の産業化」、そして「文化の保護文化財化」「生活の歴史的・芸術文化からの切断」が進む「死んだ切り裂かれた世界」を無批判に受容してきたのではないか。仮にそれを批判したにしても、この世では実現しがたい、彼岸の世界からの批判でしかなかったのではないか。批判しようが受容しようが、何も変わらないのならば、楽な方が良いに決まっているからだ。

　イェルボ・ボースターデンが始めたことは、「死んだ切り裂かれた世界」の受容でもなければ、天上からの大批判でもなかった。彼らがやっていることは、起点を「産業（職業）」から「日常生活」に置き換えたに過ぎない。だが、ボタンの掛け違いを直すだけで無用な寒さがしのげるように、ちょっとした工夫で、「生活」「産業」「文化」相互の関係を「活きたリンクの世界」に変えることができる。

　すなわち、イェルボでは「産業」は、「住宅管理会社の雇用労働」という形で、「生活」の安全と安心を直接支えるための手段として現れる。逆に、「生活」は「雇用労働」の目的として現れることによって、手段と目的との間で応答的循環関係が成立する。「生活」と「文化」の関係、「産業」と「文化」との関係も、原点であり目的でもある「生活」の向上に向けてフィードバックしていく。産業活動（職業、労働）の成果も、文化活動の成果も、人間存在の原点であり目的である「日常生活」にフィードバックしていくがゆえに、それらは、活き活きとした活動になりうる。それゆえ、「生活」「産業」「文化」相互

注79　アレックス・カー『犬と鬼──知られざる日本の肖像』講談社、2002年、380～81頁。戦後60年間、日本本土の文化がどんどん「実を失っていった」のと対照的に、音楽の分野で存在感を発揮し始めたのが「沖縄音楽を基礎としながら沖縄という枠に括られることを潔しとしない」＊沖縄ポップスという一大潮流であったと考えられる。バブル崩壊後の日本の「失われた10年」の穴を埋めたが、音楽、食、ツーリズム、政治（大田昌秀知事）など、多岐にわたる沖縄ブームだったのではないか。本土の「失われた時間」が続く限り、「沖縄文化産業」は安泰だろう。問題は、独自な沖縄文化をどのようにして「活きたリンクの世界」として普遍化していくという、その先の課題にありそうだ。
　＊篠原章『J-ROCK ベスト123』講談社文庫、1996年、311頁。

図表Ⅶ-8　日本型地区フォーラム

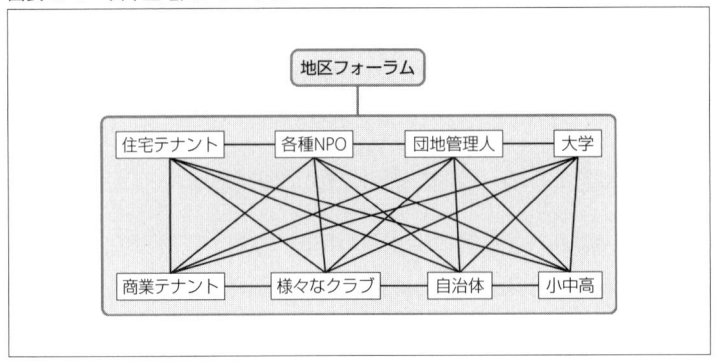

```
                    ┌─────────────┐
                    │ 地区フォーラム │
                    └─────────────┘
┌─────────┬─────────┬─────────┬─────────┐
│住宅テナント│ 各種NPO │団地管理人│  大学   │
├─────────┼─────────┼─────────┼─────────┤
│商業テナント│様々なクラブ│ 自治体 │ 小中高  │
└─────────┴─────────┴─────────┴─────────┘
```

の関係も、活き活きとした関係になりうる。

　もとより、イェルボ・ボースターデンという住宅管理会社のみで、《「死んだ切り裂かれた世界」から「活きたリンクの世界」への転換》という大仕事が実現できたわけではない。その陰には、イェルボ地区の様々な構成員を束ねる「フォーラム」という連合機関があった。「イェルボ・フォーラム」を構成しているのは、「テナント」「クラブとその協会」「自治体」「(中央)政府機関」「イェルボ・ボースターデン」の代表者である。

　だが、「自治体」の実態が行政機関である日本の場合、こうしたフォーラムを組織しただけでは、《「死んだ切り裂かれた世界」から「活きたリンクの世界」へ》と転換することはできない。行政が住民代表（議会）のイニシアティブのもとにあるスウェーデンとは違い、日本の行政機関は、地域住民の総意実現の手段としては存在しないからだ。したがって、日本では、イエテボリのように最初から地区フォーラムを立ち上げることはできないし、また立ち上げたとしてもまともに機能できるわけでもない。

　日本の団地再生の手法として考えられるのは、ECカードシステム「サンク」によって相互にリンクされた地域社会の各セクターを、地

区フォーラムによってまとめていくという手法である。そこで地区フォーラムのコーディネーター役として期待されるのが、自らの進むべき道を真剣に模索中の大学である（**図表Ⅶ-8参照**）。

4 | 都内最北の街・都内最北の大学の挑戦

板橋区高島平。それは、かつて「東洋一のマンモス団地」と謳われ、高度経済成長時代の日本を代表する「東京のベッドタウン」が所在する地名である。地元「高島平新聞」はその歴史を次のように伝えている（**図表Ⅶ-9・10参照**）。

> 「縄文、弥生時代から荒川流域の肥沃な土地として、人々の暮らしが始められていた。その証は高島平各所で遺跡が発見され、貴重な歴史の資料を提供している。
> 　江戸時代は荒涼とした草原といわれ、将軍の鷹狩り場として使われた。江戸時代後期には砲術場として使われ、天保12年（1841）、長崎の有力な西洋砲術家であった高島四郎太夫秋帆が呼び寄せられ、この地で大掛かりな大砲の調練が行われた。のちに「高島平」の地名がつけられたのは、この高島秋帆の名前からとられた。明治の初期、政府から民間に払い下げられた土地は、農民達の手によって田圃や畑となり、農業が全盛となる。昭和30年代までは東京の穀倉といわれ、一面に田圃の広がる土地だった。
> 　昭和40年代になって日本住宅公団が330万平方メートル（約100万坪）の大規模な土地区画整理事業を行ない、昭和47年（1972）、約1万戸という高島平団地を中心とする新しい街をつくった。街がつくられてから32年がたち、東京のベッドタウンとして成熟した」[注80]。

2002年6月現在、高島平地域の人口約5万8千人、世帯数約2万8千戸である。「高島平地域」とは、**図表Ⅶ-11**にある13行政区域を統括する名称で、板橋区高島平出張所の管内である。そのうち「高島平団地」とは、主として高層賃貸住宅からなる「2丁目」と、主と

注80　高島平新聞HP、http://www.takashimadaira.co.jp/ より。

図表Ⅶ-9　高島平団地建設当時の珍しい写真。後景は新河岸川と荒川。

出所：http://www.h6.dion.ne.jp/~codan/takashimadaira/

図表Ⅶ-10　高島平2丁目の高層ゾーンの「広場」

掲示板には「当広場から出る大声、雑音等の騒音は、住棟間で反響し、居住者の迷惑になります」とある（2004年10月、山本撮影）。

して中層の分譲団地街である「3丁目」から成る団地ブロックである。団地の建物棟数は11–14階建ての高層が30棟（2丁目）、5階建ての

図表Ⅶ-11　高島平地域の町丁別人口と年代別分布

町丁別	0〜14歳	15〜54歳	55〜64歳	65歳以上	合計
高島平1丁目	1,107(14.8)	4,848(64.7)	894(12.0)	642(8.6)	7,491
高島平2丁目	1,019(6.7)	7,116(46.3)	3,939(25.6)	3,299(21.5)	15,373
(内数) 1〜25	338(17.3)	1,194(61.3)	227(11.6)	190(7.9)	1,949
26〜33(高島平団地)	681(5.1)	5,922(44.1)	3,712(27.7)	3,109(23.2)	13,424
高島平3丁目	587(9.1)	2,989(46.5)	1,229(19.1)	1,628(25.3)	6,433
(内数) 1〜9	89(15.0)	358(60.2)	88(14.8)	60(10.1)	595
10〜13(高島平団地)	498(8.5)	2,631(45.1)	1,141(19.5)	1,568(25.9)	5,838
高島平4丁目	202(12.0)	980(58.0)	219(13.0)	290(17.1)	1,691
高島平5丁目	324(10.5)	1,720(55.5)	429(13.9)	624(20.1)	3,097
高島平6丁目	0(0.0)	68(88.3)	8(10.4)	1(1.3)	77
高島平7丁目	631(12.9)	3,079(63.1)	661(13.5)	510(10.4)	4,881
高島平8丁目	571(16.2)	2,344(66.4)	382(10.8)	231(6.5)	3,528
高島平9丁目	886(11.3)	3,965(50.7)	1,454(18.6)	1,515(19.4)	7,820
高島平小計	5,327(10.6)	27,109(53.8)	9,215(18.3)	8,740(17.3)	50,391
新河岸1丁目	267(12.5)	1,176(55.1)	387(18.1)	305(14.3)	2,135
新河岸2丁目	351(11.1)	1,203(38.0)	581(18.4)	1,028(32.5)	3,163
新河岸3丁目	110(18.2)	505(60.8)	144(17.3)	72(8.7)	831
新河岸合計	728(11.9)	2,884(47.1)	1,112(18.1)	1,405(22.9)	6,129
三園2丁目	91(12.1)	452(60.2)	134(17.9)	73(9.7)	750
高島平地域計	6,146(10.7)	30,445(53.2)	10,461(18.3)	10,218(16.9)	57,270

(2004年10月1日現在。単位：人。括弧内は％)

中層が34棟（3丁目）という具合に、2丁目と3丁目とでは相当趣を異にしている。2004年10月1日現在、居住人口は2丁目、3丁目の合計で19,262人である。団地開設当時の人口は推定3万人で、1992年（平成4年）が「高島平地域」全体の人口のピークと考えられる。つまり、高島平団地では12年間でおおむね1万人以上が流出した計算だ。そればかりか、2015年までに団地の高齢化率は50％を超える

図表Ⅶ-12　高島平団地と大東文化大学の位置関係

出所：高島平新聞 HP。http://www.takashimadaira.co.jp/menu_frame.htm。

ことが確実な情勢だ[注81]。

　高島平団地こそは、いやでも黄昏れに向かうほかない日本のシンボルなのだ。だが、逆に言えば、高島平団地を再生できれば、日本再生も夢ではない。大東文化大学が本部を構える高島平とは、日本にとってそういう象徴的な場所なのだ。

　大東文化大学がのちに日本再生の象徴的な場所となりうる高島平に拠点を定めたのは、団地入居第1号を記録した1972年に先立つ11年前、1961年のことである。現在大学正門前を走る首都高5号線ができるはるか前で、土地をめぐる錬金術が東京でようやくうごめき始めたころだ。以来、高島平団地と大東文化大学は、距離的には隣り組ともいうべき近さにありながら、若干の個人的な交流を別とすれば、総じて互いに無関心なまま40年の歳月が経過した（**図表Ⅶ-12参照**）[注82]。

注81　高島平2・3丁目には、わずかだが団地（ビル）以外の戸建住宅がある。そのため、「高島平団地」のある2・3丁目の人口合計と「団地」の人口合計とは一致しない。高島平新聞、2004年11月15日号参照。

注82　前大東文化大学学長（現教授）・須藤敏昭のゼミナール（教育学科）では、23年前から高島平の小中学校と絶えることなく交流を続け、「大江戸舞祭り」のサポートも学生が自ら買って出ているという。これなどはごく稀なケースである。

ところが21世紀に入るや否や、団地と大学の関係がにわかに変わってきたのである。高島平地域と大東との関係に限らず、「大学全入時代」を間近に控えた大学側と、コミュニティー不在、商店街の衰退に歯止めをかけたい地元との思惑が一致したのだ。背景にあるのは、少子高齢化による先行不安・デフレ不況への危機意識、地方分権化と国立大学の独立行政法人化など、全国共通の事情だ。有り体に言えば、ともに生き残りをかけて手を結びましょう、ということだ。

　大東文化大学環境創造学部関係者と高島平地域住民有志とのささやかなプロジェクト、「高島平再生プロジェクト」（以後「高島平プロジェクト」と略）も、恐らく全国どこにでもある「地域・大学連携型の生き残り策」の一つである。もしそれに他との違いを求めるとすれば、高島平プロジェクトの場合、地域・大学連携がハイレベルな形で実を結ぶ可能性が極めて高い、ということだろう。

　なぜか。大学と高島平団地が極めて至近距離であることに加え、高島平団地の高齢化、人口減少、空室率の上昇速度が非常に速く、放置すれば急速に「スラム化」する恐れが強いからだ（**図表Ⅶ-11、Ⅶ-12**参照）。大学の後背地である巨大団地の荒廃は、大学の存立に大きなダメージを与える。教育内容以前に立地などイメージに大きく左右される私立学校の場合は、そのダメージは致命的といわなければならない。大東文化大学が新世紀も引き続き大学として「持続可能な発展」を遂げようとすれば、後背地である高島平地域の、とりわけ、隣接団地の再生が絶対的な条件となる。つまり、地元地域と大学との間に、かつてない強力な「地域的共同利害」が生まれているのである。

Epilogue

東京・高島平の物語が始まる

Environment Creation Currency

1 | 原 点

　モノの使い捨ては単に物質面のみならず、人の心と社会経済システムをも深く傷つける。人間が自ら汗水垂らしてつくったモノを大量に消費し大量に使い捨てにするということは、自分達の人生そのものが使い捨て人生にほかならない、ということだ。結果、人は言いようのない無力感、脱力感を植え付けられてきた。この無力感、脱力感を払拭できなければ、実のところ〈環境の世紀〉など死語なのかもしれない。

　そういう共通の問題意識のもとに、2003年10月24日、「真のゼロエミッションを普遍化する手段として地域通貨を位置づけ直し、地産地消型の社会経済システムへ一歩でも踏みだそう」というコンセプトのもと、大学発の「地域通貨の研究—実践運動」が産声を上げた。モノ（物質）と人間関係を両翼とする人間環境、すなわち社会経済システムを根本から立て直すための、「環境創造通貨」構想が芽生えた瞬間であった。

　本書は環境創造通貨の実現に向けた「研究—実践運動」の一応の成果である。運動の実践的側面は未だ緒についたばかりだ。「アースデイマネー」の新動向については、すでに第Ⅳ章「挑戦する地域・自治

図表 e-1　第4回環境創造フォーラム大会（於：大東文化大学多目的ホール）

（左から山本、貫、嵯峨、グンター・パウリ）

体」で触れられている。ここでは、環境創造通貨を使った「大学一地域連携」の具体的な試みとして、大東文化大学環境創造学部と板橋区および同高島平地域との協力関係の現状をメモしておくことにする。協力の柱は、次の四つである。

1. 板橋環境創造講座
2. 学生の環境創造活動──プロジェクトD
3. 大東文化大学エコキャンパス運動
4. 高島平再生プロジェクト（略称・高島平プロジェクト）
5. 環境創造カンパニー

　本書で提起した手法は、一定規模の大学が団地（大規模集合住宅）やまとまりのある住宅地に隣接している地域であれば、高島平地域に限らずどこでも具体化できる。筆者一同、全国各地の大学、団地、生協・企業、自治体と手を携え、環境創造通貨による平成の世直しに取り組める日を楽しみにしている。なお、最後の「カンパニー」は、教員、地元住民有志による大学発のまちづくりベンチャー企業である。「理系」では当たり前になっている大学人による起業だが、「文系」ではまだ本格的な例はないのではないか。

2 板橋環境創造講座

　この講座は、環境創造学部が発足した2001年に始まり、04年現在、4年目を迎えている。本講座の第一の特徴は、板橋区を中心とする一般市民、近隣の高校生、大東文化の大学生が聴講者として参加する「多世代市民参加型講座」である。大東文化大生と提携高校生徒には正規の単位が認定される。第二の特徴は講師団の多様性だ。環境創造学部を中心とする本学スタッフ、板橋区役所職員、様々な分野の専門家、さらには聴講市民や学生も講師として登場する。第三の特徴は、板橋区民の幸福向上につながる大テーマのもと、延べ14回ほどの個別テーマが設定され、そのつど「報告・コメント・フロアとの質疑応答」という形式で講座が運営されていることである。

　2004年講座の大テーマは「地域力とは何か」であった。その第13回目には、土井幸平（環境創造学部教授、前大阪市大工学部教授）と有志学生が講師として登場し、「エコキャンパス運動と地域貢献」と題して講義した。それに先立つ第11回講座のタイトルは、「地域通貨の意義とその実践――板橋高島平地区から始める環境創造通貨の世界」（担当山本）であった。こうした流れのなかで、「環境創造通貨を媒介とする大東文化大学と地元との地域的共同利害」が講座参加者の共通の関心事として浮上するに至る。それを承けた最後の第14回講座では、「大学と地元との地域的共同利害」を具体化するコミュニティー・ビジネスの一つとして、「板橋特産カレーパン」ビジネスが聴講OLから提案され、大東発の「地場産業」第一号への期待が、各方面から高まっている。

　また、本講座がきっかけとなり、「学生による空き店舗プロジェクト」が環境創造学部と板橋区との共催で2005年春から始まった。担当責任者の植野一芳は「商店街に、かつての日本家屋にあった『縁側』的な機能を付加する」と、プロジェクトへの抱負を語っている。

図表 e-2 プロジェクトD発足（2003年11月）

（創設メンバーの4人組：向かって左から中尾あや、細田皓一、蛭川真理子、内山明日香）

3 学生達の環境創造活動──プロジェクトD

インターネットで「エコキャンパス大学」と検索すると、約3,000〜4,000件がヒットする。「エコキャンパス」は流行になっているようだ。ISOの認証取得が大きな動機になっているのかもしれない。だが、大東文化におけるエコキャンパス運動は、学生達によって提起された点で画期的である。大東文化大学環境創造学部の正規科目「板橋環境創造講座」を聴講した4名の学生がゴミゼロ大学にしたいと発足したのが、「プロジェクトX」ならぬ「プロジェクトD」だ。「プロジェクトD」発足に刺激を与えるのは、グンター・パウリを囲む先のシンポジウムであった。

2003年7月発足時にはわずか4人過ぎなかったメンバーも、いまでは15名以上に増えた。たびたび地元新聞社の取材を受けるなど異色のグループに成長している。「プロジェクトD」のゴミゼロ活動に触発されて教職員も立ち上がった。

4 大東文化大学エコキャンパス委員会

「プロジェクトD」のメンバーと環境創造学部教員有志との間で、「エコキャンパスの実現」「廃棄物の処理プロセスを通した地域社会と

の交流」などをめぐり、全学的な取り組みを求める機運が高まってきた。大学評議会の議を経て2004年4月にまず、「大東文化大学エコキャンパス準備委員会」が発足した。こうした流れをリードしたのは、ここぞというところで存在感を発揮する、石橋春男環境創造学部長（当時）であった。

　教員・学生・職員が対等の資格でテーブルに着く。これが大東文化大学エコキャンパス委員会の何よりの特徴である。同年11月に「準備委員会」はその任を終え、エコキャンパス運動を本格的に推進する第二ステージに移ることになっている。土井幸平準備委員長は、大東文化におけるエコキャンパス運動の意義を「『大東エコキャンパス』の在り方」なる一文にまとめている。サラリとした表現だが、「地域的利害」の時代を見通した重要な一節なので、少し引用しておこう。

　「21世紀が環境の時代といわれるなかで、次世代を育成する役割を担う大学として、環境問題に率先して取り組むこと、それを地域社会につなげることの意義は大きいと判断されています。そして、積極的な取り組みを社会にアピールすることが、何より大学自身のイメージアップにつながると意識されています」（「『大東エコキャンパス』の在り方」［案］、2004年11月5日）。

4 | 高島平再生プロジェクト──キャンパスからコミュニティーへ

　高島平地域住民にとって最大の問題は、「団地の老朽化・高齢化・空洞化」である。大学側の最大の問題は、「18歳人口に依存した従来型大学の行き詰まり」である。高島平という立地を共有する両者の間には、かつてない緊密な地域的利害が生まれた。万が一にも高島平団地が「スラム化」すれば、団地に隣接する大東への志願者は激減し、早晩、大学として立ちゆかなくなる。他方、大東が「Fランク大学」の刻印でも押されれば、高島平地域のイメージは一層悪化し、「高島

平」そのものがネガティブイメージの代名詞に成り下がってしまうだろう。いずれにしろ、共倒れは必至だ。何としても共倒れだけは防がなければならない——そうした声とともに、2004年7月、環境創造学部に付設された「環境創造フォーラム」の運営委員会メンバーと、高島平地域で活躍する NPO 有志とで、高島平再生プロジェクトが発足した。

高島平プロジェクトとは、団地と大学の共同利害を核に、高島平地域全体を再生する試みである。換言すれば、大東文化大学と高島平地域住民、それぞれの有志が地域的利害を共有するという視点のもとに、ともに問題を解決し共存共栄を目指す試みである。

現在同プロジェクトで検討されているテーマは次の通り。

(1) **大学生協を基盤とする EC カード・環境創造通貨の導入**

地域連携型のエコキャンパス運動を含む、様々なコミュニティー・ボランティア活動と、高島平地域の商業（事業）施設とを結びつける手段として、2005〜06年をめどに IC カード型の環境創造通貨「サンク」を導入する[注83]。その全容は図表 III-1「環境創造通貨『サンク』循環の世界」に示された通りだが、当初から「サンク」の導入が期待できるコミュニティー・ボランティアの分野としては、次の二つが考えられる。

① **飲料容器リサイクルシステム（リサイクルステーション）**

ここで言うリサイクルステーションとは、飲料用空き缶・空きペットボトルをリバース・ベンディング・マシン（飲料容器自動回収機）に投入すると、EC カード上で地域通貨「サンク」がもらえる仕組みである（**図表 e-3 参照**）。容器自動回収機の使用に分別作業コストが

注83 「サンク」（EC カードシステム）が稼働する地域の範囲は、行政区分域の「高島平地域」（高島平1〜9丁目、新河岸1〜3丁目、三園2丁目）のほかに、徳丸1〜7丁目、西台1〜3丁目を含むものとする。こうした配慮は、高島平再生プロジェクトの核となる大東文化大学学生の住居分布に基づいている。

図表e-3 ポイントを発行できるリバース・ベンディング・マシン（飲料容器自動回収機）

出所：http://www.tomra.co.jp/default.asp?V_SITE_ID=47

大幅に削減されるばかりか、その場で容器を圧縮処理できるので、輸送コストや輸送燃料が大幅に節約できる。従来難しかった「ペットボトルからペットボトル」をつくることも、現在の技術では容易になった。また、回収機を利用する際に学生・教職員・地元住民はECカード上に「サンク」を得ることができる。これによって、地域通貨付きの容器自動回収機は、「楽しみ」という要素に加え、大学・地域社会のアイデンティティーの確立にも貢献できる。

② 常設フリーマーケット

家庭やオフィスには、今日、様々な機器・備品・家具・衣類が山積している。それらは「持ち主にとっては不要でも、他者（社会）にとっては有用」でありえる。特に経済的に余裕の乏しい留学生の場合はそうである。定期的あるいは不定期のフリーマーケットは少なくないが、常設で、しかも大学のなかで運営されるフリーマーケットはまだ例がないのではなかろうか。サンクで取引可能な常設フリーマーケットなら、大学関係者のみならず、近隣団地の住民にも大いに活用してもらえるだろう。

フリーマーケットを手がける自治体・大学は少なくないが、大東文化の場合、常設のフリマルーム（仮称「エコライフスペース」）の必要性が学生・教員の双方から提起されている点で画期的である。「エコライフスペース」実現の暁には、学生主体のフリーマーケット運営を自治教育や環境教育と結びつけることで、「大学と地域社会が一体となった学びの共同体」が実現することになる。

　飲料容器リサイクルや常設フリーマーケットで入手したサンクは、大学生協や高島平地域の協賛店舗などで使うことができるだけでない。生協や協賛店舗で働く学生・主婦への「賞与」として使うことができる。地域通貨の最大の困難は、「循環」の軌道作りにあると言われている。環境創造通貨サンクは、大学と団地を基盤とすることにより、この最大の問題をクリアする条件を備えた、恐らく最初の地域通貨になるだろう[注84]。

　いずれにしろ、大学を舞台とする常設フリーマーケットへの反響は決して小さくはないはずだ。

(2) **高島平団地空き室活用**

　2003年現在、高島平団地に約500戸あるという空き室を、大東文化大学の学生寮として「住都公団」（現都市再生機構）から借り上げる。特に留学生の場合、40～50件の賃貸物件に申し込み、断られっぱなしということも少なくないと言う。住宅確保が困難な留学生や大学近くに安全で良質な住居を求める日本人学生のための大学寮として、大東文化が200戸程度を割安で借り上げれば、留学生の修学事情は格段に改善されるだろう。

　他方、入居学生が、団地建物の簡単なメンテナンス作業、清掃、緑

注84　さらに将来サンクの導入が比較的容易な分野として、生ゴミ問題に大学・地域住民が一体となって取り組むプロジェクトも考えられる。大学が生ゴミから有機肥料や有機土壌を創るための電動生ゴミ処理機を設置し、大学・地域住民がそれを共同利用することで、いまなお最も再資源化率が低い生ゴミ問題に、一石を投じることもできる。

化、警備活動、高齢者・児童をサポートする様々な活動を行った場合、環境創造カンパニーは学生にサンクを交付する。学生、団地、周辺商業、大学の関係四者が「ありがとう」の証であるサンクで結ばれるならば、四者のすべてに経済的メリット以上の「地域利益」が発生する。さらに付け加えれば、「公団」もECカード・サンクのネットワークに加盟すれば、最少の金銭的負担で団地の荒廃阻止、団地再生という最大のメリットを享受できるのだが、いかがだろうか。

⑶ 「すべての通りと広場に名前をつけよう」と音楽祭運動

　ある町が魅力ある町として生まれ変われるか否かを決めるのは、最終的には、「この街が本当に好きな人」がどれほどいるかにかかっている。すでに「高島平が本当に好きな人」がしっかりと存在することが先決だが、そういう人が新たに大勢生まれなければ、「高島平再生プロジェクト」も、通り一遍の運動に終わってしまうだろう。「愛せる街」を創るための仕掛けとしては色々なことが考えられるが、その決め手は、市民一人ひとりがその都市空間とどれほど親密になれるか、にかかっている。

　市民にとって親密な都市空間の最低限の条件は、誰もが、いつでも、どこにいても、その街の「場所」を簡単に特定できることだ。所在地を簡単に特定する方法として最も手っ取り早いのは、「すべての通りに名前をつける」ことだろう。実は、今から四半世紀前にも一度、団地自治会や高島平新聞社の呼びかけで、団地内の「広場、通りに名前をつけよう」という運動があった。名付けの方法は団地住民が自由に応募する方式であった。実際、その2カ月後には、都合20箇所の「広場」（空き地または児童公園）「通り」のすべての「愛称」が決まり、プラスチック製の通り表示板（愛称板）も設けられたという[85]。

　いまでは通り表示板は跡形もなく消え、ごく一部の場所を除き「愛

注85 『団地新聞・高島平』1977年6月15日号参照。

図表 e-4　新団地建設では通りの名称プレートが先（ハノーバー市クロンスベルク）

（山本撮影）

称」を口にする者はいない。誰もが「高島平＝ベッドタウン」という事実に何の違和感もなかった70年代には、通りの愛称は時期尚早だったのだろう。

　しかし、いまや高島平は、団地住民の半数近くが一日を過ごす街に変わった。否が応でも、高島平は「ライフタウン」に変身しなければならない。いまこそ、幅広い市民が親しめる通りの名称を定着する努力が求められている。例えば、美味しいクレープの売店があれば「クレープ通り」。大東文化大学前の首都高5号線沿いの大通りであれば「大学通り」。可愛い少女達の通学路は「小町小路」。要は、名付けに際して難しく考えないことだ。

　例えば、北ドイツのハノーバーでは、大は「ベルツナー・アレー」「ゲーテ広場」から小は「ハンナ・アーレント小路」「材木市場」まで、実に自由闊達に名付けされている[注86]。こちらの識者に聞くと、案の定、「勝手に名付けしている」とのことだ。

　高島平駅から都立赤塚公園へ南下する「メインストリート」は、街

注86　ハンナ・アーレント（Hannah Arendt）は「1906年10月14日、ハノーバーのリンデンで生まれたユダヤ系ドイツ人の哲学者。主著は『全体主義の起源』『反セム主義』。1975年12月4日、ニューヨークで死す」（Die Gendenktafel より）。

路樹に恵まれた潤いと賑わいが同居した素晴らしい街並みだ（**図表Ⅶ-12参照**）[注87]。ここは、地元の熱い思いを込め、「高島平・サンクストリート」でどうだろう。この通りの中央には、子供は夫婦の独占物ではなく広く「地域社会の子」、子育ては「地域社会の仕事」（『エコノミスト』05年1月4日号、30頁参照）をモットーとする、「高島平子育て支援センター」を開設したい。もちろん、「子育て支援センター」でボランティアをしてくれる人への謝礼も、すべてサンクで OK だ。ボランティアが受け取ったサンクは、高島平地域の生協や商店街で使えるようにする。

「メインストリート」に面した図書館前広場や、大東文化大学「多目的ホール」を舞台に「高島平音楽祭」を開けば、高島平地域へのコミュニティー意識とともに、熱い誇りも芽生えるだろう（**図表 e-1・e-5 参照**）。幼児からお年寄りまで、アマチュアからプロまで、声楽・器楽からマスダンスまで、高島平地域ならではの楽しい音楽祭になることは、間違いない。

音楽祭のテーマソングは断然、リズム感とメロディーで高島平の子供達のハートを射止めたあの名曲、「東京ラプソディー」だ（**図表 e-6 参照**）。高島平小地域ネットワーク代表を務める堀口吉四孝によれば、「東京ラプソディー」に合わせて踊る「大江戸舞ダンス」には、体を動かさなくなったと言われる今の子供達も喜んで乗ってくるという。市民の日常生活に根ざした「市民の文化創造」として、「東京ラプソディー」「大江戸舞ダンス」を文字通り、高島平のみならず、東京市民のシンボルに育てられるか否かは、これからの課題だ。

そして、「メインストリート」沿いでも最も魅力的な空間は、何といっても図書館前広場だ（**図表 e-5 参照**）。この素晴らしい広場の名称は「コンサート広場」がふさわしいだろう。年一回の高島平音楽祭とは別に、「コンサート広場」は日頃、生徒、学生、地元民はじめ

注87　高島平新聞によれば、現在、この通りは「団地中央通り」と名付けられていると言う。

図表 e-5　ガーデンコンサートの主役、高島平二中の生徒達と図書館前広場

（2004年11月、山本撮影）

図表 e-6　即興で東京ラプソディーを奏でる堀口吉四孝

（2004年11月、山本撮影）

高島平好きの市民なら、誰にでも開放される。春から秋にかけて、広場でオープンカフェを開いたらどうだろう。コンサートをきっかけに、老いも若きも、話の輪が広がることは間違いない。

　いずれにしろ、「すべての通りに名前をつける」ことは、人が自分達の生活空間と親密になる、つまりその土地を愛する第一歩だ。この意味で、「すべての通りに名前をつける」運動は、コミュニティー再

生の第一歩に過ぎない。しかし、その土地と親しくなれなければ、コミュニティーの再生などありえないことも、厳然たる事実なのだ。古くからのドイツの友人から聞かれた──「日本では通りにほとんど名前がついていないけど、不自由じゃないの」。山本曰く、「いや、本当に不自由だよ。目的地にたどり着くのも大変なんだ。知らない街じゃ、自分がどこにいるのかすら、誰もよく分からない」。

5 環境創造カンパニー

　高島平地域での環境創造通貨は成功する可能性が相当高いはずだ。なぜなら、この都内最北の地域が負うハンディが巨大であるがゆえに、「地域的共同利害」の成熟を促さずにはおかないからだ。グローバル経済という現実が、皮肉にも、国民国家で分断されてきた「地球規模の共同利害」という視点を要求している。それと同様に、日本における高齢化時代の到来は、跡形もなく切断されてしまった地域社会の様々な構成要素を、「地域的共同利害」のもとに再結合する条件を産み出していたのだ。要は、「地域的共同利害」を束ねるまちづくり会社（環境創造カンパニー）を、条件が成熟しているところから順次立ち上げていくことだ。

　大東文化大学と高島平団地を核とする高島平地域こそは、環境創造カンパニー揺籃の地として最もふさわしい。高島平地域から板橋区全域へ、板橋区から都内城北地区へ、城北地区から都内全域へ、東京から日本全国へ、日本から全世界へ。環境創造通貨に託された《確かな希望》は、時に曲りくねった道を経て果てしなく続く。

　2015年正月元旦のある全国紙の一面、「日本の合計特殊出生率、ついに1.8台を回復しフランスに迫る」。社会面のトップは、かつて「産むことにためらいを感じる、そんな国はどこかおかしい」と断じた、

あの女性国会議員の次の一声だった。「これで私も、若者達から『食い逃げおばさん』と蔑（さげす）まれずに済むわ」——われわれは、そんな日を目指せる、地に足のついた日本市民でありたい。日本市民の夢を乗せて、2006年の早春、環境創造カンパニーは発足する[注88]。

注88　2005年3月1日、大東文化大学環境創造学部有志を中心に「環境創造カンパニー」発足準備集会が開かれた。現在のところ「カンパニー」は、LLP（Limited Liability Partnership/ 有限責任事業組合）または「非営利株式会社」として発足の予定である。いずれにしろ、大学人による日本初の試みになるはずである。

あとがき

　大きな期待と豊かな可能性に恵まれながら、現実にはその可能性を十分開花できずにいる花のツボミが、この世の中には少なくない。1999年1月にNHK-BS1から放送された「エンデの遺言」で一躍脚光を浴びた地域通貨も、豊かな可能性と厳しい現実とのギャップに悩む、そうしたツボミの一つなのだろう。にもかかわらず、日本円・米ドルというメジャーな国民通貨への不安が日増しに強まっている昨今、地域通貨への期待は決して衰えることはないだろう。この熱い期待を絶対に無にしてはならない。これが筆者三名に共通の願いであり、確信だ。

　なぜなら、われわれ日本国民が日本円という唯一の通貨しか持てないとすれば、結局のところ「ドル暴落型世界恐慌か、完膚無きまでの地球環境破壊かのジレンマ」を支え続けるしかないからだ。その結果、人類はいつまでも、「モノ・カネ・ヒト、何でも使い捨て社会」から「持続可能な循環型市民社会」への転換という、喫緊の文明史的な課題にまっとうに向き合うことができずにいる。確かに、ドイツ・オランダ・スウェーデンなどは、「環境・経済・社会の統合」を視野に入れた環境政策の最前線を歩み始めている。世界の環境政策の最前線、それは《持続可能な社会づくりのための総合政策》と言っていい。しかし、先進EU諸国のこうした努力が、日々、「地域性」を失ったグローバル巨大資本の風圧にさらされているのも事実である。地域という具体的な空間のなかで実在する市民の生活世界の論理（市民社会の論理）と、抽象的な世界市場を舞台とするグローバル資本の利潤原理（資本主義の論理）とが、時には激しく、時には緩やかに衝突を繰り返している。アジアでも、アメリカでも、そして市民社会と資本主義

の故郷・欧州でも。人類は、この二つの論理の衝突の中でしか、自らを陶冶することができないからだ。

　土鳩の鳴かない日はあっても、ドイツのテレビが「失業者（Arbeitslose）、働き場所（Arbeitsplatz）」を報じない日はない（ちなみに、ドイツの街なかでは、日本のような大型カラスを見かけない）。東西ドイツ統一に続くEUの東方拡大の影響は、欧州最大の大国ドイツにはひときわ厳しい。先進EU諸国の環境努力を孤立させてはならない。日本が経済的体力を消耗しきる前に、《持続可能な社会づくりのための総合政策》を世界中の草の根レベルから支えていけるかどうか。2015年までの10年間、そこが剣が峰になるだろう。

　経済と自然の土台が崩れゆくいま、「市民生活の質」に目線を据えた《お金とモノの新しい循環の流れ》が求められているのは、決して日本だけではないのだ。「社会形成型地域通貨が開く《持続的循環の世界》」を日本から広く世界に発信することは、困難ではあるが、やり遂げなければならない仕事である。なぜなら、われわれが「観察者の立場」で傍観を決め込むならば、「ドル暴落型世界恐慌による困窮」であれ「完膚無きまでの地球環境破壊」であれ、あるいはまた、両者の複合現象であれ、われわれを待ち受けている未来は、それらいずれかの「VIP指定席」なのだから。

　筆者三名は「社会形成型地域通貨実現の意義」を認める点では、寸分の違いもない。とはいえ、世代、キャリア、専攻もかなり違う。三者の文体やトーンにある程度の違いがあるのは、そのためだ。もちろん、各章の配列や日常の意見交換には意を尽くしたつもりだ。それゆえ、頭から順に読み下していただくのがベストだ。だが、いま一つの読み方として、Ⅳ章（貫隆夫執筆）、Ⅴ章（嵯峨生馬）をひとまず飛ばし、プロローグからエピローグまでを読み下した上で、やや専門的なⅣ章、日本の具体事例を掘り下げたⅤ章に立ち戻る、という読み方も十分可能だろう。

なお、地域通貨そのものの解説書やその意義に触れている書籍は、すでに何点も出ている。本書では屋上屋を避ける意味で、地域通貨の解説的側面は最小限にとどめてある。この点、嵯峨生馬『地域通貨』（NHK 生活人新書、2004年）、リエター『マネー崩壊』（日本経済評論社、2000年）などが参考になるだろう。
　EC カードシステム・地域通貨サンクに関する問い合わせ、事業協力の可能性、本書へのご意見・ご感想など、三名の連絡先にお寄せ頂ければ幸いである。

　筆者の一人でプロモーター役の山本は本書の担当章脱稿後、かねてからの予定で約 1 年間の在外研究に飛び立った。これにともない、日本経済評論社編集部の谷口京延さんには、遠距離恋愛ならぬ遠距離校正で、なにかとご負担をおかけしたに違いない。同社社長・栗原哲也氏のご理解と併せ、谷口さんにこの場で厚くお礼申し上げたい。また、お名前を挙げることは控えさせて頂くが、本書の刊行を陰で支えてくれた皆さんに記して謝意を表したい。Thanks!
　2005年 6 月

山本孝則（在ハノーバー）

【執筆者紹介】

山本孝則（やまもと・たかのり）

1948年　東京都生まれ
武蔵大学大学院経済学研究科博士課程修了　博士（経済学）
大東文化大学環境創造学部環境創造学科教授（都市環境コース）
主著『現代信用論の基本問題』、『不良資産大国の崩壊と再生』、『日本再生トータルプラン』（以上、日本経済評論社）、『新人間環境宣言』（丸善）
連絡先　t-akanor@fa2.so-net.ne.jp

嵯峨生馬（さが・いくま）（第Ⅴ章担当）

1974年　神奈川県生まれ
東京大学教養学部第三（相関社会科学）卒業
日本総合研究所創発戦略センター副主任研究員、NPO法人アースデイマネー・アソシエーション理事長
主著『地域通貨』（NHK生活人新書）、『図解eマーケティング』（共著、東洋経済新報社）
連絡先　saga@earthdaymoney.org

貫隆夫（ぬき・たかお）（第Ⅳ章担当）

1940年　鹿児島県生まれ
慶応義塾大学大学院商学研究科博士課程修了
大東文化大学環境創造学部環境創造学科教授（環境マネジメントコース）
主著『管理技術論』（中央経済社）
共編著『現代生産システム論』（ミネルヴァ書房）、『情報技術革新と経営学』（中央経済社）、『環境問題と経営学』（中央経済社）、他
連絡先　nuki@ic.daito.ac.jp

環境創造通貨──社会形成型地域通貨が開く《持続的循環》の世界──

2005年11月1日　第1刷発行	定価（本体2000円＋税）	
	著者　山　本　孝　則	
	嵯　峨　生　馬	
	貫　　　隆　夫	
	発行者　栗　原　哲　也	

発行所　株式会社　日本経済評論社

〒101-0051　東京都千代田区神田神保町3-2
電話　03-3230-1661　FAX　03-3265-2993
E-mail: nikkeihy@js7.so-net.ne.jp
URL: http://www.nikkeihyo.co.jp/
文昇堂印刷・根本製本
装丁＊奥定泰之

乱丁落丁はお取替えいたします．　　　　　　Printed in Japan
ⓒ Yamamoto Takanori etc. 2005　　　　ISBN4-8188-1791-0

・本書の複製権・譲渡権・公衆送信権（送信可能化権を含む）は㈱日本経済評論社が保有します
・JCLS〈㈱日本著作出版権管理システム委託出版物〉
本書の無断複写は著作権法上での例外を除き禁じられています．複写される場合は，そのつど事前に㈱日本著作出版権管理システム（電話03-3817-5670、FAX03-3815-8199、e-mail: info@jcls.co.jp）の許諾を得てください．

加藤敏春著
エコマネー
——ビッグバンから人間に優しい社会へ——
四六判 二二〇〇円

エコマネーとは環境、福祉、文化などに関する多様でソフトな情報を媒介する二十一世紀のマネーである。人間の多様性をそのままに生かす温かいお金の活用方法をやさしく説く。

山本孝則著
日本再生トータルプラン
——土地本位制崩壊と金融再生トータルプランを超えて——
四六判 一八〇〇円

銀行の不良債権処理をめぐる現在の論議は果たして有効であるか。金融再生トータルプランの問題点をつき、不良債権危機と住宅・都市・環境問題の同時解決を提言。

山本孝則著
不良資産大国の崩壊と再生
——大地からの日本再建プロジェクト——
四六判 二八〇〇円

平成バブルの崩壊、住専問題、金融システムの不安定性など社会はいま大きく揺れている。不良債権危機と住宅・都市問題の同時解決を提言する日本再建プロジェクト。

J・フーバー／J・ロバートソン著／石見 尚・高安健一訳
新しい貨幣の創造
——市民のための金融改革——
A5判 一六〇〇円

民間銀行による信用創造をやめ、貨幣発行を中央銀行に一括することにより、利益を国民に還元し、社会・エコロジー経済確立のための新しい貨幣発行の仕組みを説く。

岩崎正洋著
電子投票
四六判 二五〇〇円

二〇〇二年以来、各地の自治体で実施されている電子投票は、IT技術による民主主義の新しい方向性を示すと注目されている。総論の第I部と全九事例を詳細に分析した第II部の構成。

（価格は税抜）　　　　　　**日本経済評論社**